조경 이야기

조  경

이 야 기

신경준 산문집

시간여행

조경을 하면서

글을 쓰는 솜씨는 없었으나 신문이나 잡지사에서 조경에 관하여 글을 요청받으면 열정 하나만으로 글을 기고하였다. 그러다 보니 잡다하게 써놓은 글의 양이 제법 되었다.

쓴 글을 읽어보니 지금의 생각과 제법 다른 내용도 발견되었지만, 문맥의 문제점만 고치고 그냥 두기로 했다. 어쩌면 세월의 흐름에 따라 생각의 흐름을 느낄 수 있어서 지금의 생각으로 바꾸는 것은 의미가 없어 보였다. 또 세월이 흐르면 어떤 생각을 가질지도 모르니까….

발표한 글 중에서 중복된 내용은 원고를 가다듬을까도 생각하였으나 처음에 쓴 내용대로 두었다. 그 상황에서는 그 문제에 대해서 열심히 생각한 흔적이라 생각한다. 시절마다 조경을 어떻게 해석하고 풀이하기 위하여 여러 가지 생각을 해 왔다는 것을 보기 위함이고, 어떻게 하면 조경의 발전에 조금 도움이 되었으면 하는 뜻에서 반복하여 주장한 글이니 이해를 해주면 고맙겠다.

순서는 5개의 장으로 나누고 글을 쓴 순서대로 실었다. 또 글을 쓴 시기의 상황을 생각하며 읽어보면 같은 주제라도 이때는 이러한 이슈가 더 문제가 되었구나 하는 것을 알아주었으면 한다.

그 외에도 식물이나 조경 시공에 관계되는 여러 가지 느낀 것이나 조경계에서 이야기되던 잡담이나 풍문들을 적은 것도 있는데, 그것이 사실이든 아니든 하나의 야담이라 생각하고 기록으로 남기고자 한다. 이 시대에는 식물을 보는 눈과 시공을 보는 사람의 시선이 이러하였다는 것도 중요한 기록의 하나라고 생각한다. 또 세월이 흐르면 여러 가지 공법이 나와 지금 기술해 놓은 것은 귀신 씨나락 까먹는 이야기가 될지도 모를 일이다. 그 시대에 맞는 이야기들을 듣고 느낀 대로 기술하였으니 나중에 조경하는 사람들이 참고하였으면 한다.

또 항상 관심이 많았던 風水에 관한 글도 메모해 놓았는 것을 그냥 정리해 실었다. 지금 읽어보면 유치한 생각이라고 치부되는 글도 많지만 30~50대에 이렇게 생각하고 글을 써놓았다는 것이므로 이해해 주었으면 한다. 여기서 주장한 풍수에 대한 이론은 어차피 현대의 과학적인 추론으로는 증명이 불가한 이야기이므로…. 어쩌면 우리의 자연 분석론인 풍수 이론이 서구의 경관학 내지는 적지 분석이론과 어떻게 하면 어울리게 접합할 것인가는 평생의 숙제였는지도 모른다. 오랫동안 생각해 왔지만 공부가 모자라 아무것도 이룬 것이 없다. 이제는 나이가 들면서 공부를 게을리 하니 학문의 진전은 중단되어 이 세상에서는 잡론 수준으로 그치게 되었다. 이생에서 풍수에 관한 생각은 여기까지가 끝인지도 모르겠다. 그래서 내용이 두서도 없고 단편적인 주장에 지나지 않는 것도 많지만 그대로 두었다.

한평생 조경에 몸을 담았던 사람의 이야기이니 동의를 할 수도 완전히 엉뚱한 이야기라고 치부할 수도 있겠지만 정리한다는 의미에서 한곳에 모았으니 재미 삼아 읽어주기를 바랄 뿐이다.

신경준

차례

2장 단상 2

3장 사람

4장 식물

5장 풍수

1장

단상 1

01. 양재 시민의숲 1

2003. 5. 12.

양재천을 따라서 서쪽으로 걷다 보면 교총회관 거의 다 가서 돌로 만든 구름다리 앞에 이른다. 꽤 운치 있고 웅장한 다리 위를 걸어서 지나면 양재천의 갈대숲이 한눈에 들어오는데 제법 경치가 괜찮은 곳이다. 이곳에 이렇게 거창한 다리를 왜 만들었는지는 잘 모르지만, 다리를 지나서 숲속으로 들어가 보면 여러 가지 조각물이 서 있는 예술 조각공원이 나오고 고속도로를 건너서 동쪽으로 가면 양재시민의숲이 나온다.

조각물이 서 있는 공원과 무성한 숲이 이렇게 아름답게 조성된 곳이 서울에 있다는 것은 우리의 자랑거리라는 생각이다. 조성된 지 얼마 되지는 않았지만, 이미 나무가 울창하게 들어서고 사람의 손길이 닿지 않은 자연스러운 숲의 모습이다.

봄이 되면 피어나는 목련 꽃은 장관 그 자체이다. 이미 거대한 나무가 되어버린 목련 나무에서 피어나는 상아색 꽃은 밤에 보면 커다란 눈송이가 가지가지에 매달려 있는 것 같다. 이외에도 여러 종류의 나

양재 시민의 숲 _봄

무에서 봄꽃이 만발한다. 산수유, 박태기, 철쭉 등 봄을 알리는 전령이라고 할 수 있는 꽃이 피면 넓은 대지에 생기가 가득하다. 그리고 신록의 아름다움, 다 죽은 듯한 가지에서 피어나는 연록의 새싹을 보고 있노라면 자연의 색이란 어느 인공의 색보다 위대하며 그 축복에 감사하지 않을 수 없다.

여름이면 청록의 푸르름은 이루 말할 수 없는 싱그러움으로 이 숲속에 배어난다. 단풍나무, 은행, 느티, 칠엽수, 자작, 메타세쿼이아 등과 잣나무 등 상록의 나무들이 무성하게 어우러진 그늘이 주는 시원함은 그 숲의 가치를 더욱 높여준다. 그리고 커가는 나무들이 주는 싱싱함은 우리의 미래를 보는 것 같아 더욱 기분이 좋아진다.

가을이면 앞서 열거한 활엽나무들의 잎에서 그려내는 형형색색의 아름다운 단풍은 짙푸른 푸르름을 더해주는 상록의 잎사귀와 어우러

양재 시민의 숲 _여름

져 그려내는 한 폭의 동화이다. 그리고 떨어지는 낙엽. 그 숲속을 거닐면 누구나 시인이 되고 철학자가 되게 하는 곳이 가을이 주는 시민의 숲이 아닌가 한다.

겨울이면 아름다운 쓸쓸함이 배어 있는 곳이 양재시민의숲이다. 황량하면서도 장엄한 숲으로 변하는데, 앙상한 가지 사이로 독야(獨野)를 자랑하는 상록수 나무들도 위용을 발휘하고, 겨울은 원래 쓸쓸한 것 - 잘 발달한 잔가지들의 앙상함은 쓸쓸함을 말해주며, 잔가지 사이에 맺혀있는 겨울눈은 박재삼 시인이 말했듯 '새봄은 반드시 오고야 말리라'는 기약의 굳은 의지를 보여주는 것 같다.

그러나 이 숲에 언젠가부터 무수한 인공의 손길이 미치기 시작한 것이다. 오래전부터 들어서 있는 '매헌 윤봉길 의사 기념관'부터 'KAL기 폭파에 대한 위령탑'도 이곳에 있고, 롤러스케이트장, 공연장, 농구장,

양재 시민의 숲 _가을

지압 보도, 곳곳의 그늘막, 원두막, 그리고 조각물들이 설치되어 있는 공간들, 꽃을 가꾼 공간 등 수없이 많은 건축물이 들어서 있다. 아마 인간의 손에 의해 가꾸어져야만 한다는 생각에 숲이 점차 줄어들고 있는 것 같아서 안타깝다.

어린나무일 때는 괜찮았지만 나무가 성장하면서 너무 밀식되어 서로 부딪치고, 비좁아 문제가 발생하기 시작하고 있다. 어쩌면 이 숲에서 진정으로 필요한 것은 이러한 나무를 이식하거나 재조정하는 작업이 더 시급한 일일지도 모른다. 어차피 도시 속에 있는 공원에서는 나무들이 서로 생태적으로 경쟁하면서 도태되어 죽고 죽은 둥치가 그대로 남아서 나뒹구는 자리에 버섯이나 이끼가 자라고 새로운 생명이 잉태하게끔 천이의 과정을 거치게는 할 수 없는 노릇이다. 그러면 공원 관리자는 기존의 나무 수형이 더 망가지기 전에 가꾸고 옮기고 하는

양재 시민의 숲 _겨울

등의 일에 더 치중하여 공원을 가꾸도록 노력해야 할 것이다.

우리는 뉴욕의 '센트럴 파크'나 함양의 '상림숲'을 도시의 허파니, 인간이 만든 최고의 작품이니 하면서 조성한 사람의 철학과 정신을 자주 논한다. 현시점에서 우리의 후손에 물려주어야 할 것이 무엇인지는 명확하다. 지금이라도 이 공원을 위하여 남겨진 공간에 보도블록을 깔거나 꽃을 심을 화단을 조성하는데 열을 올릴 것이 아니라, 숲을 보존하겠다는 확고한 방향을 가지고 유지·발전시키는 데 초점을 맞추면 서울 남쪽에 자연스러운 숲으로 이루어진 아름다운 공원을 후손에게 남겨줄 수 있을 것이다.

02. 조경 40년
-불혹의 도전과 응전

한국조경신문. 2013. 1. 29.

2012년도 12월에 조경 40주년 행사가 있었다. 우리는 40년이 되면 불혹(不惑)이라고 한다. 이 정도의 세월이 흘렀다면 온갖 유혹으로부터 미혹되지 않고 홀로 생각하여도 될 나이가 되었다는 이야기다.

정작 불혹은 2013년부터 시작되는데 되돌아보면 조경은 여러 가지 어려운 일이 많았다. 그동안 우리와 유사한 학문을 하는 사람들로부터 '조경은 00의 한 분야로써….'라는 말로부터 우리의 정체성을 찾기 위해 많은 투쟁을 하여 왔다. 그들은 신학문이자 신기술 분야인 조경을 자신들의 테두리 안에 가두어 자신의 것인 양 우리를 구속하려 하였다. 이미 세상은 조경의 필요성을 알고 조경이 사회에 기여해 주길 간절히 원함에도 불구하고, 자신이 해결할 수 있는 양 우리를 자신들의 영역에 잡아두려 했다. 그런 환경으로부터 독립하려는 많은 조경인의 의지는 굳건하여 지금 조경업계는 누구도 넘볼 수 없는 영역을 구축하였다.

또한, 인간이 필요한 공간을 구현하는 한 축으로 당당히 역사적인 사명을 실천해 왔는데, 조경은 하지 않아도 되는 것으로 치부해 온 세력으로부터 조경의 필요성을 전파하는데 정력을 소모해 온 것이 현실이다. 화려한 정원, 부자들을 위한 위락의 장소를 만드는 시녀로 생각하는 무리는 항시 조경은 해도 되고 안 해도 되는 것으로 깎아내렸다. 이러한 인식을 전환하는데 많은 세월을 허비해 왔으며, 불혹이 되도록 세월이 흐른 지금 이러한 인식은 많이 불식되었다. 조경이 사회에서 필수 불가결한 요소로 자리매김을 한 40년이었다고 생각한다.

그리고 경기의 부침에 따라 조경은 흥하기도 하고, 시련을 겪기도 하였다. 조경의 영역을 축소하려는 여러 가지 움직임, 조경으로 흥한 조경인이 다른 업으로 진출하여 조경으로 쌓은 부가 조경의 발전에 쓰이지 않고 소실된 안타까운 일들, 때에 따라 일감이 부족하여 유능한 조경업계의 인재들이 다른 업으로 전환하는 사건을 겪으면서 지나온 나날들이었다. 하지만 이제는 많은 조경인이 각 분야에서 제 몫을 하고 있으며, 또한 새로운 길을 찾기 위하여 노력하고 있다.

미혹되지 않고 흔들리지 않는 불혹에 우리는 지금까지 다져온 기반을 더욱 굳건히 하면서 미래를 직시해야 한다.

최근 임업, 원예 그리고 기타분야에서 도시 숲, 도시농업, 환경복원, 경관법 등을 추진하며 다양하게 조경 분야를 흔들고 있는 듯하다. 돌이켜보면, 조경은 임업, 원예 및 기타분야 등에 모체를 두고 있고, 그들이 하지 못했던 일을 시도함으로써 새로운 영역을 구축하여 지금에 이르렀다. 지금 새로이 대두되고 있는 이슈들은 조경에서 해왔던 것이고, 앞으로도 잘할 수 있는 영역처럼 느껴진다. 하지만 현재 한국의 조경 분야가 현 사회에서 새로이 중요시되는 이슈들을 담당하는 것은 적당하지 않다고 생각하는 사람이 많은 것 또한 현실이다. 그래서 이런 분야를 만들기 위해 열심히 뛰고 있는 사람은 도시숲법을 제정하여 도시의 숲을 더욱 잘 가꾸어야 도시의 기능이 쾌적해지며, 도시에서 농업이 중요한 역할을 해야 도시의 기능이 살아나고, 환경복원법이 제정되어야 진정한 의미의 복원이 된다는 등의 생각을 하고 있다.

조경은 여러 학문이 합쳐져 태생한 종합학문이라고 배워왔다. 天下大勢 分久必合 合久必分(천하의 대세란, 나뉘면 반드시 합쳐지고, 합쳐지면 반드시 나뉜다)이란 옛말이 있지 아니한가? 사회란 항상 합하면 갈라지고 갈라지면 합하는 것이 이치인 것이다. 종합 응용학문인 조경이라는 큰 나무에서 사회가 다양해지면서 여러 다양한 업역의 싹이 갈라져 나오고 있다. 그러므로 조경과 유사한 분야가 생기는 것이 조경의 범위가 줄어드는 것이라는 인식에서 벗어나, 조경 분야가 넓어져서 나아갈 길이 많아진다는 적극적인 인식전환이 필요하다. 당연히 조경의 업역을 침범하여 빼앗아 가려는 전문적이지도 않은 무리로부터 우리를 지켜야 한다. 하지만 더 넓은 신천지를 향한 길을 열어 우리의 놀이터로 만들고 개척해야 위기에 처한 조경의 미래가 있다고 생각한다.

현재 조경 분야를 관장하고 있는 국토부의 보호에 안주해서는 안 된다. 환경부, 산림청, 농촌진흥청, 문광부 그리고 지경부 등으로 우리가 할 수 있는 일을 확산해 나가야 한다. 그 이름이 무엇이라도 좋다. 조경인들이 잘할 수 있는 분야를 개척, 개발하고 근거를 마련해야만 우리의 앞날에 비전이 있다. 이와 아울러 조경 관련 학교에서도 여러 가지 교재를 개발하고 변신해서 인재들을 가르쳐야 한다. 그래야 우리의 분야가 진정으로 클 수 있는 도약기를 맞이하리라 확신한다.

2013년이 시작되었다. 업계는 무겁기만 하다. 학계는 제자들 취업 문제로 머리가 아프다. 항상 오르막과 내리막은 있는 법, 올라갈 때는 힘들었고 내려갈 때는 쉬웠다. 쉬울 때는 올라갈 때 힘든 것을 준비하듯 우리도 이렇게 준비하면 불혹의 나이를 보람되게 맞이할 수 있을 것이다.

03. 한 해를 보내며
-해외 조경공사를 생각한다

한국조경신문. 2013. 12. 10.

한해를 시작할 때 여러 가지 결심을 하고 기대도 하지만, 한 해가 거의 다 지나갈 땐 벌써 허무하게 다 지나갔구나 하는 회한이 남는다. 또 올해는 다사다난했고, 올해만큼 힘든 해도 없었다는 말을 하게 된다. 이런 말이 싫어지는 것은 그만큼 일상이 반복되는 세상을 살았다는 징표다. 하지만 해가 거듭될수록 다가오는 새해에 대한 기대보다는 두려움이 앞선다. 특히 건설업종이 하향길로 치닫고 있는 현실을 볼 때, 내리막의 끝은 어디이고 또 다시 희망의 날은 오지 않을 것 같은 두려움이 커진다.

1980년 초에 많은 굴지의 건설사들이 망하고 통폐합되었다. 아파트 값은 곤두박질하여 '요즈음도 아파트를 사는 사람이 있습니까?'하고 물을 정도로 바닥이었다. 그때는 아파트를 사려면 채권(최고금액이 1억원인데 최고금액을 쓴 사람 중에 추첨해야 당첨이 될 정도로 인기가 있었던 시절도 있었다)을 사야 하는데 채권 금액을 최소금액인 1만 원을 써내면 당첨이 될 정도로 시세도 없어지고, 해외 건설에서 우리의 건설회사들은 적자를 면치 못하여 속속들이 빚만 안은 체 철수하는 지경이었다. 즉 한양, 경남, 삼호, 남광 등 굴지의 회사들이 해외에서의 적자 때문에 도산하거나 다른 회사로 합병되었다. 특히 '제3의 물결'이라는 앨빈 토플러의 책이 유행하여 건설은 고리타분한 구시대의 업종으로 전락하는 것 같았다. 건설회사에서 실력을 쌓았던 많은 사람은 전업하여 훌륭한 기술이 사장되는 안타까운 현실이었다.

그 후 올림픽 준비로 명맥을 유지하고 있던 건설경기가 88년도 서울올림픽이 끝나자, 전번의 몬트리올 올림픽 이후 캐나다 경기가 침몰하듯 우리의 경제도 올림픽 때문에 거덜이 날지 모른다는 예상과는 달리 불사조가 태양의 기를 받아 비상하듯 건설업은 우리 경제를 이끄는 견인차로 다시 날아올랐다. 4대 신도시가 발표되지 않았다면 폭동이 났을 것이라고 표현했을 정도로 묻지마식 건설이 이루어져 호황을 누렸다.

그러나 이 호황이 있은 후 1997년 IMF 파동이 왔을 때 건설회사들이 가장 먼저 시련을 겪었고, 많은 회사들이 정리되었다. 그러나 또 건설업은 다시 살아나 지금껏 번성해 왔다. 이런 부침 속에서 생활이 나아지면 질수록 필수 불가결한 요소로 조경은 우리의 생활에 자리 잡아 폭발적인 성장만 있는 듯한 착각을 하면서 예전의 뼈저린 아픔을 잊고 발전해왔다.

지금은 대학에서 학생들의 진로를 걱정하지 않을 수 없다. 직장에선 퇴출의 어두운 그림자만 따라다니고 있다. 이러한 현실이 기회라고 생각한다. 우리가 공부한 조경 커리큘럼과 방향성에 대하여 다시 한번 점검해야 할 시점이 지금이다.

가장 어려운 시기가 기회라는 말은 모두가 즐겨 사용하는 말이지만 헤쳐나가는 길을 찾기는 쉽지가 않다. 그러나 우리에게는 선행공종이 있다. 지표가 되는 토목과 건축이 있다. 이들이 뚫고 가는 방향에서 우리가 나갈 방향을 발견하고 올바른 진로를 취하여 행동하면 일이 쉽게 풀릴 수 있다.

한가지 예로 현재 각 건설사는 '해외공사만이 우리 건설업의 살길이다.'라면서 해외 수주에 전념을 다 하고 있다. 어떤 건설사는 이미 해외공사의 비중이 국내공사보다 더 커졌고 향후 몇 년 안에 해외공사 수주가 전체 수주량의 80% 이상이 될 것이라는 전망을 내 놓고 있다. 해외 건설이 단절된 지 20여 년 만에 부활한 해외 건설의 호황 시대가 왔다. 하지만 1980년대 과당 경쟁으로 많은 건설사가 도산했던 전철을 밟지 않아야 한다.

지금 우리의 건설사들이 이러한 위험의 도그마에 빠진 듯한 광경이 곳곳에서 나타나고 있지만, 역사는 똑같이 두 번 다시 반복되지 않는다는 것을 믿고 자세히 분석하여 해외공사에 대처해 나가리라 믿는다. 또 현재에 우리가 할 수 있는 공사가 세계 시장의 곳곳에 널려 있는데 우리의 우수한 기술력을 발휘하지 않을 이유도 없다. 다만 조심하고 잘 분석하고 대처하면 위험은 줄어든다.

건설의 본류가 이렇게 방향을 전환하고 있는데 조경도 발맞추지 않으면 도태되기에 십상이다. 해외 조경은 어렵고 까다롭다. 우리나라에 외국의 조경사들이 들어오지 못하듯 조경은 식물이 기본 소재로 그 나라의 식물에 대해 정통해야 한다. 각 나라의 농업유통은 매우 복잡하다. 조경수목의 유통구조도 선진국이든 후진국이든 매우 복잡다난하다. 나라마다 다르고 특수성이 넘친다. 해외 건설 수주량이 많은 건설사와 연관되어 있는 조경인들은 회사가 진출해 있는 현장의 특수성에 따라 그 지역의 수목에 대한 특성을 알고 준비해야 한다.

현재는 대부분 비전문가인 토목, 건축 담당자가 현지인들에게 하청을 주는 것으로 알려져 있다. 이 많은 먹거리를 현지인들에게 줄 이유는 없다. 여건이 되고 갖추어진 회사는 새로운 도전의 기회를 찾아 진출해야 한다. 특히 70, 80년대에는 많은 조경인들이 해외공사에 진출하여 성과를 내지 않았는가? 지금은 그런 형태를 보기가 힘든 것이 아쉽기만 하다.

한 해를 보내면서 다가올 새해도 조경의 먹구름은 쉽게 걷히지 않을 것이다. 여기서 새로이 거론되는 분야인 환경, 생태, 도시 숲, 도시농업 등에 관한 이야기는 진부한 논제로 더 언급하지 않고자 한다.

하지만 분명한 것은 저변의 확대 없이는 조경의 설 자리는 위축될 뿐이고 존재마저도 위태로워질 것은 자명하다. 그래서 조경인들도 해외에 눈을 돌려야 할 시점이 오지 않았나 주장해 본다. 선배들이 쟁취하다시피 만들어 놓은 터전이 더욱 발전할 수 있는 위기(?)가 왔다는 것을 현재의 조경인들은 인지하고 고민했으면 하는 새해가 되었으면 한다.

04. 조경이라는 분야

2013. 3. 26.

기존의 여러 이론과 학문이 자연을 보호하고, 자연과 인간이 더불어 살아야 한다는 당위성에 부합하지 못하고, 인간이 사는 영역에서 필요한 것을 충족하지 못했기 때문에 조경이 생겨났다는 것은 부인 못 할 사실이다.

그래서 백여 년의 세월을 거쳐 조경이라는 분야는 나날이 발전하여 시대가 필요로 하는 이론으로 무장하며 인간이 살아가는 데 필수 불가결한 요소를 제공하면서 점차 발전을 거듭하며 영역을 넓혀왔다. 특히 우리나라에서는 서구에서 수백 년 동안 이룩한 도시화, 근대화를 단시일 내 이루다 보니 그토록 아름답다고 하던 자연을 극도로 훼손한 것은 주지의 사실이다.

이러한 현실을 극복하기 위하여 조경의 역할이 절실했으며, 그 결과 건설과 개발을 진무(賑撫)하는 이론으로 자리 잡아 왔다. 현재 국민소득이 이만 달러를 넘어서기까지 훼손한 자연을 치유하고, 녹지를 확충하며 공원을 조성하여 국민 생활 질을 높였다. 동시에 사회복지에 이

바지해온 바는 누구도 부인할 수 없을 것이다.

이렇게 사회에 이바지한 조경이 여러 분야로부터 도전에 직면한 것은 무엇 때문인가?

먼저 너무 영역이 넓어지다 보니 타 분야의 시기를 받아 도전을 받는 것은 아닐까? 세상사가 모두 그러하듯 잘 되면 시기와 질시를 받게 마련이다. 그곳에 가면 무슨 좋은 일이 있지 않나 하는 생각에 기웃거리다 보면 떡고물이 떨어질 경우도 있는 것처럼…. 조경의 영역이 처음에는 작게 시작하였으나 그동안 크게 번성함으로써 그 영역이 넓어지다 보니 타 분야의 여러 학설과 방법을 도용하지 않고는 해결할 수 없는 경우도 많았다. 이러한 발전은 조경인으로서 흐뭇하고 보람된 일이다. 하지만 조경의 유사 분야는 조경업계를 주시하고 같이 동참하면 이익을 얻을 게 없을까, 하고 호시탐탐 노리는 것을 우리는 어떻게 생각해야할까?

다른 한편으로 생각해 보면 우리가 자만하고 우리가 다 할 수 있다고 생각했던 영역이 실제로는 우리가 할 수 없는 일일지도 모른다. 엄연히 조경 분야가 지금 하는 일에는 우리의 전문적이지 않은 분야도 존재하는 것은 사실일진대 종합예술이니, 복합적인 학문이니 하면서 전문가도 아니면서 전문가인 체 우리가 허장성세하지 않았는가 하는 의구심이 드는 것도 사실이다. 미학을 모르면서 미를 논하고, 식물을 모르면서 생명의 심오함을 이야기하고, 공학을 모르면서 수식을 가지고 설명하려고 한 경우가 없었는지를 자문해 본다.

이러다 보니 이토록 번성하며 자신의 영역을 꿰차고 나가는 분야에 도전이 없을 수 없는 것이다. 저것은 자신의 분야인데 왜 얕은 지식을 가진 자들이 나서는지 의심을 하는 무리가 도전의식을 가지고 파고드는 것은 당연한 일이다. 그냥 한 번만 진검 승부를 겨루면 꼬꾸라질 듯한 상대를 대하기는 쉽지만 강력한 이론으로 무장한 자가 앞에서 설칠 땐 그자를 상대하기란 몹시 어렵다. 우리는 지금 이러한 상황에 있지 않나 하는 것이 본인의 생각이다.

여기서 우리가 나아갈 길은 명확하다. 잘 알고 있다고 생각한 분야에 더 나은 이론으로 뛰어드는 자들을 꺾을 실력을 배양하든지 아니면 그러한 현실을 인정하고 우리에게 보탬이 되게끔 타협하여 일정한 자리를 할양하므로 조경의 영역을 더욱 풍성하게 가꾸는 것이다.

지금의 현실은 도전이 너무 완강하다. 그리고 그 도전을 꺾기에는 상대의 이론이 너무도 잘 무장되어 있고 조리와 질서가 정연하다. 잘못하면 우리의 논리가 너무 초라해질지도 모른다. 이러한 싸움에서 이기기는 너무나 힘들다. 우리의 선배들이 타 분야의 반대를 무릅쓰고 조경의 분야를 융성하게 키워왔듯, 다시 한번 우리도 인정할 것은 인정하고 문호를 개방하여 한 단계 도약해야 할 것이다. 비록 조경이 서구에서 먼저 발달했지만 21세기에는 한국 조경이 여러 연관 분야와 협력함으로써 새로운 전기(轉機)를 마련하여, 대한민국의 조경 이론이 전 세계에 펼쳐 새로운 분야의 전형이 될 날이 오길 기대해 보는 것은 무리일까?

그동안 쌓아 온 우리의 좋은 두뇌 자원과 그동안의 저력 있게 다져온 경험을 바탕으로 한국 조경(아니 어떤 단어로 표현되어도 좋다)을 새로운 인간과 자연이 공존할 수 있는 패러다임으로 세계에 역수출할 수는 없을까 기대한다. 그리고 이러한 현실이 충분히 한반도에서 일어날 수 있다는 것을 확신하며 지금도 각계에서 자신의 분야를 위해 열심히 노력하고 있는 조경인을 보면서 밝은 조경의 앞날을 기대한다.

아파트 조경

05. 우리는 제대로 가고 있는가?

2013. 7. 15.

일전에 조경인이 모여있는 모임에서 어떤 학자가 말하길, "조경인은 무엇을 하고 있는지 모르겠다. 우리나라의 공원을 가면 꼭 외국에 와 있는 것 같다. 한국적인 것이 없다. 서울의 역사적인 장소를 가보면 그 역사를 대변하는 것이 없다. 서울에 흩어져 있는 동상만 제 자리에 놓여 있어도 충분히 역사성을 찾을 수 있을 텐데, 제멋대로 무질서하게 산재해 있다. 그 밖에도 여러 가지 면에서 조경인이 제 역할을 못 하고 있다"라고 질책하였다.

그 이야기에 상당히 공감할 수 있는 부분도 있었지만, 과연 조경인이 이런 이야길 들어야 하나 하는 생각이 든다.

또, 상수도 사업소 신축공사의 도면이 적합한지를 심사하는 자리에서 '건물 앞에 비싼 소나무를 왜 심는지 모르겠다'라고 하는 모 교수를 본 적이 있다. 그 사람은 같은 건설업종의 전문가인데도 우리가 마실 물인 상수도는 볼 줄 알아도 그곳에서 일하는 사람들의 생활환경은 보지 못하고 있었다. 아직 조경은 마지못해서 하는 분야로만 인식하고 있는 노학자의 열리지 않는 사고에 서글픔을 느꼈다.

과연 조경 40년을 이야기하는 우리는 그동안 아무것도 하지 않았는가? 조경은 아름다운 우리 강산을 건설의 기치 아래 훼손하는 데 앞장을 섰는가? 서구의 조경을 모방하는 데만 열중하였는가? 조경인은 철학도 없이 외면의 아름다움만 치장해 국토를 천박하게 만들어 왔는가? 이런 비판을 받아야 하는가?

아마 조경업계에 있는 사람, 특히 지금까지 열심히 조경이 무엇인지를 위해 뛰어온 사람은 이러한 지적을 받으면 몹시 불쾌할 것이다. 조경 관련 원서 한 권을 구하기 힘들어 조경이 무엇인지를 탐구하기 위하여 밤새 토론하고, 때로는 자조 섞인 한숨과 함께 앞날의 비전을 주제로 이야기하였다. 새로운 이론으로 무장하고, 타 학문과의 차별성과 동질성을 논하며 몸부림쳐 왔기에 지금의 미약한 성과가 있었다.

또 현재의 젊은 조경인을 보면 희망이 넘친다. 문제를 보는 눈이 예리하고 참신하다. 어쩌면 조경 분야의 학계나 업계처럼 이렇게 학구적인 분위기가 넘치는 모습을 타 분야에서는 보기가 힘들다. 모두 연구열에 감탄을 보낼 수밖에 없는 분위기인데 타 분야에서는 아직도 조경이 하는 일이 하지 않아도 되는 일처럼 생각하는 발언을 듣는 것은 조경을 모독하고 있는 것 같아 씁쓸하다.

언제 우리에게 따뜻하게 자리를 내어준 분야가 있었는가? 조경의 필요성을 역설하며 조경이 제대로 되어야 공간이 제 역할을 하고 사람들이 행복해진다는 것을 타 분야에 설득하며 우리가 조경 자리를 쟁취하였지, 그들이 우리의 위치를 보장해준 적은 별로 없었다. 경제가 발전하고 산업화가 진행될수록 조경이 할 일은 더욱 많아지고 있다.

그러니 자기들이 노력하면 자신들도 할 수 있는 일인데 하고 생각하거나, 자기들의 분야를 침범하지나 않을까 하는 우려 때문에 조경에 더욱 질투 어린 눈길을 보내는 자가 많아지고 있다. 조경은 임학의 한 분야고, 원예의 한 분파인데…. 조경 시설물은 건축의 외부공사이고, 토목 일부분인데…. 잘 알지도 못하는 자들이 전문가인 양 목청을 높인다. 조경은 깊이도 없이 모든 분야에 관여한다는 빈정거림을 어떻게 극복할 것인가?

우리가 설계하고 시공한 조경 작품 중에 외국 조경 작품의 아류나 유치한 것도 있고, 다른 공종에서 저질러 놓은 것을 적당히 얼버무리기 위해서 작업을 해온 것이 있는 것도 사실이다. 그러나 그것도 그 나름의 한 시대를 대변해 주는 역사이다. 그렇게 아픔도 갖고 발전해 왔기에 지금 이 만큼 진보했다.

현재 우리는 새로운 발전에 목을 매고 있다. 지금은 우리의 조경, 우리의 전통 속에서 연결의 끈을 찾고 있지만 심오한 자기반성 없이 자신의 양식에 매료되어서는 안 된다. 너무 우리 것만 찾으려 하고, 최근 일고 있는 '한류'에 편성하여 우리 것이 제일인 것 같이 우쭐거리다 보면 잘못되는 것도 순간이다.

청나라는 오랑캐 국가라 본받을 것이 없고, 유럽의 열강은 더욱 야만적이라 여겨 예수교를 박해하면서 우리의 유학이 최고라는 생각에 사로잡혀 우리의 것만 고수하다 망해버린 조선말의 통상수교 거부정책이 무엇을 말하는지 잘 알고 있다.

조경인의 갈 길은 멀다. 아직도 조경에 대한 대중들의 시선이 우리가 생각하는 것만큼 이해도가 높지 않다는 사실을 직시하고 지금까지 그래 왔듯 더욱 노력해야 한다. 사회의 다양한 틈새에서 우리의 잘못을 지적하는 사람이 많으면 많을수록 좋다. 넘어야 할 산이 많으면 많을수록 우리의 앞날은 할 일이 많아서 좋다. 우리의 노고를 이해하지 못해도 좋다. 경계해야 할 것은 우리가 지금까지 이루어 놓은 성과에 안주하거나 자만해서는 안 된다는 사실이다. 그리고 지금까지 남이 조경의 몫을 챙겨 주지 않았지만, 조경에 종사자가 제 역할을 할 때 진정으로 조경이 자리매김하여 우리가 원하는 영역이 이루어질 것이다.

버즘나무 가로수

06. 사라지는 것에 대하여

2016. 10.

대한민국에 조경이 잘된 곳이 어디일까? 누구는 양산보가 조성한 소쇄원을 이야기한다. 유가(儒家)의 철학이 그대로 담겨 있으면서 도가(道家)의 사상이 구현된 곳이라고도 한다. 개인의 집이 오랜 세월 동안 보존되고 여러 학자로부터 현대적인 해석까지 추가되어 한국의 아름다운 가볼 만한 곳으로 지금까지 남아있다는 것은 놀라운 일이다. 소쇄원의 조경적 가치를 떠나 그러한 건축물과 조성지(造成地)를 보존해온 양산보의 자손에 대한 경의를 표하고 싶다.

해방 이후 최고의 건축물로 선유도공원이 뽑혔다. 선유도공원이 왜 건축물이냐고 반문하는 이도 있었지만, 그래도 조경 작품이라고 여기는 공원을 해방 이후 최고의 건축물로 건축가가 뽑았다는 것은 의미가 있다. 얼마나 많은 현상공모가 있었으며 자칭 작가주의를 표방하는 건축가가 설계한 많은 건물이 완공되었든가?

예술적인 가치가 높은 건물도 서로의 견해가 다르고 파벌(?)이 달라서 합일점을 못 찾아서인지, 최고의 건축물에 무색무취한 공원이 선정되었는지는 모른다. 그러나 건축가들이 보기에도 몇 개의 건물이 있고, 널려져 있는 옛 잔재와 어우러진 수목들로 구성된 공원이 최고의 건축물이라니 기분이 나쁘지는 않다. 그리고 이 공원이 오래도록 설계자의 의도대로 유지되고 발전하기를 기대한다.

최초의 현대적 아파트라 할 수 있는 마포주공아파트도 재개발로 인하여 사라진 지가 오래전의 일이다. 그 아파트에는 외부 조경식재도 있었을 것이고, 어린이 놀이터도 있었을 것인데 도면조차 구하기 어렵다.

또 반포의 주공아파트도 거의 사라지고 반포본동에만 옛 아파트 조경식재의 자취가 남아있다. 어린이 시설물은 현대적인 것으로 바뀐 지가 옛날 일이고…. 조경식재의 주 공사원인 아파트 조경은 건축물의 사라짐과 동시에 흔적도 없이 사라진다.

80년대 이전에 지은 아파트 조경은 별 볼 일이 없을 뿐 아니라, 삼사십 년이 지난 아파트에 조경 흔적이란 낡아서 유쾌한 공간이 아닐지도 모른다. 하지만 초기 조경의 자취가 사라진 현실이 아쉽다. 흔적이 사라진다는 것은 과거가 지워진다는 것인데…. 누군가는 자료를 가지고 있을 법한데 찾기가 힘드니 안타깝다.

그래서 제주도에 가면 예전에 우리가 쓰던 것을 모아 놓은 박물관이 있다. 아주 많은 사람이 구경하러 오는 것을 보았다. '예전에 우리가 이런 것을 사용하였지'라는 향수 때문일 것이다.

처음 경부고속도로를 건설할 당시에는 중앙분리대에 식수대를 만들었다. 시간이 지나면서 나무가 자라니 관리비도 들어가고, 고속으로 달리는 차량에 의해 나무도 망가지고, 지반이 가라앉는 문제 등으로 고속도로의 중앙분리대는 콘크리트로 대체되었다. 중앙분리대에 식재의 흔적이 남아있는 곳은 터널 입구나 볼 수 있을 정도이다.

우리나라는 산야가 많아 고속도로를 달리면서 주위를 돌아보면 온통 푸르름의 천지이니 중앙분리대의 녹지가 없어지는 것이 뭐 대수냐고 생각하면 아무것도 아니지만, 초기 중앙분리대를 식물로써 조성한 흔적이 남아있는 곳이 없다는 사실은 생각해봐야 할 일이 아닌지….

1980년대에 '00 garden'이라는 명칭이 붙은 대형 고깃집이 생겨나면서 음식점의 조경이 화려한 곳이 많이 생겼다. 소문에 의하면 한 음식점에 시공업체가 조경을 해주었는데 너무 거창하게 시공했다. 음식점 주인이 이렇게 많은 돈을 들여 조경할 수 없다고 하자 조경업자는 장사가 잘되면 공사대금을 달라고 했다.

그 음식점의 조경이 잘 되었다고 소문이 나자 너도나도 구경할 겸 사람들이 몰려들어 대박이 났다. 큰돈을 번 음식점 주인이 6개월도 되지 않아 거금의 공사대금을 시공업자에게 주었다는 말이 전설처럼 전해온다.

이렇게 조경을 잘하면 돈을 번다는 소문이 나자 돌을 쌓아 폭포를 만들어 물을 떨어뜨리고, 기묘한 나무를 심어 화원에 들어온 듯한 느낌이 들게 하여 손님을 유인한 음식점이 상당수 생겨 많은 돈을 벌었다고 한다.

지금은 그 음식점들이 거의 사라지고 없다. 자동차 문화가 발전하면서 외곽에 더 쾌적한 곳에 더 자연스럽고 아름다운 정원을 조성한 음식점이 생겨나면서 땅값이 비싼 곳은 빌딩이 대부분 들어서 운치 있는 음식점의 자취를 찾기가 힘들다. 고급 조경의 한 역사를 장식하기도 했는데 아쉽다.

최근에 그해의 최고 조경 상을 받은 한국전력 사옥을 현대에서 구매하여 사옥을 짓는다고 한다. 한전 사옥 내부에 조성된 조경은 차치하고 영동대로 변에 조성된 널찍한 화단에 소나무 군락, 그 밑의 조릿대, 조경석 몇 개 그리고 깔끔하게 구릉처럼 만들어진 잔디밭을 많은 사람은 기억할 것이다. 80년대에 이토록 간결하게 표현하면서 아름다운 조경을 우리도 할 수 있다는 사실이 경이롭기만 하였다. 이런 조경 작품이 없어지는 것이다.

또 강남의 라마다 르네상스호텔을 재건축한다는 기사를 본 적이 있다. 이 호텔의 조경도 그 당시 세간의 이목을 집중하면서 많은 화제를 낳기도 하였다. 시공한 업체가 많은 이윤을 냈다는 것과 도심지에 이렇게 특수형의 나무를 많이 심었다는 자체가 화젯거리였다.

나무 한 그루, 한 그루가 예술품이었으니 많은 조경인은 저런 것을 도면으로 어떻게 표현하고 견적을 넣었을까하고 의심했다. 호텔을 소유한 계열사 공사였으니 가능하지 품셈, 규격에 의한 고시단가로 견적을 넣었으면 아름다운 조경이 탄생할 수 없었을 것이다.

이렇게 한 때를 풍미했던 조경 작품이 사라져 간다. 어차피 개인의 것이었으니 어쩔 수 없다. 하지만 조경이 탄생한 지 40여 년 동안 조성된 작품이(조잡하든, 훌륭하던) 사라진다는 것이 조경인으로 안타깝다. 꼭, 본 건축물을 없애고 재건축해야 한다면 아름다운 조경을 보존하는 방법은 없을까? 우리의 기후가 너무 좋아 나무가 잘 자라니 나무를 없애는 행위에는 너무 관대한 것이 아닌지?

07. 불가항력 문제
-조경을 둘러싸고 있는 규정

2015. 4.

1990년대 초, 공기업 자회사에서 있었던 일이다. 조경 팀장이 어린이놀이터 공사를 하도 처리하기 위해서 업체를 선정하여 결재를 받으러 사장에게 가니, 어린이놀이터 공사를 '조경 시설물 설치공사업'을 가진 업체에 하청주는 근거가 어디 있느냐고 물었다.

그때만 하더라도 '조경 시설물 설치공사업'은 '조경석 쌓기, 그늘막, 벤치 등을 설치하는 공사업을 말한다'라고 간단하게 정의되어 있을 때의 이야기다. 그러니 조경업체 팀장은 그 당시 건설부에 질의하였다. 어린이놀이터는 누가 공사를 해야 하느냐고. 답은 어린이놀이 시설물 설치는 조경 시설물 설치공사업을 하는 업체가 하면 안 된다는 답이 왔다. 그 답에 누가 해야 합당하다는 이야기는 없었지만, 조경 시설물 설치공사업은 문구대로 조경석 쌓기, 벤치, 그늘막 설치만 해야지 어린이놀이 시설물 설치는 조경의 영역이 아니라는 답신이었다.

그때 모든 건설업체는 당연히 어린이놀이터는 조경의 영역으로 조경 시설물 설치업체가 하는 것으로 알고 발주하여 하도 처리하고 있었다. 그런데 그것이 불법이라니 청천벽력같은 건설부(지금의 국토부)의 답이었으니 얼마나 당황했겠는가?

다행히 그때 건설산업기본법 시행세칙을 손보고 있을 때라 조경 시설물 설치업은 어린이놀이터뿐만 아니라 분수, 가설건물, 공원의 화장실까지 공사할 수 있는 내용으로 개정하여 별문제가 없이 해결되었다.

또 다른 이야기, 우리나라 '지방자치단체 공사계약 일반 조건'은 민간에서 그대로 사용하는 아주 중요한 계약조건을 거의 망라하고 있다. 소송이 붙었을 때도 여기에 규정이 있나 없나를 가지고 따질 정도로 중요한 조건을 내포하고 있다. 여기 제38조를 보면 불가항력이라는 조항이 있는데 불가항력에 해당하는 내용이 나열되어 있다.

즉 '태풍, 홍수, 그 밖의 악천후, 전쟁 또는 사변, 지진, 화재, 전염병, 폭동 그 밖에 계약대상자의 통제범위를 초월하는 사태 등'으로 규정하고 있다. 이에 해당하면 시공자가 책임이 없고, 발주기관이 손해를 부담해야 한다.

여기에서 식물을 주요 소재로 다루는 조경식재공사업의 애로를 말하고자 한다. 특히 가뭄으로 나무가 하자가 나거나 병충해로 수목이 많이 죽어 어려움을 당하고 있는 조경식재공사업 업체는 항상 하자 문제로 골머리가 아프다. 그런데 조항에서 규정하고 있는 '악천후'와 '전염병'을 '가뭄'과 '병충해'에 의한 피해로 확대하여 해석할 수 있느냐는 문제에 봉착하게 된다.

결론은 그렇게 확대해석하기는 힘들다는 것이다. 조경식재를 하는 사람 측면에서 보면 엄연한, 어쩔 수 없는 하자인데 말이다.

우리나라는 관습법에 따라 지배를 받는 나라가 아니고 성문법에 따라 지배를 받는 나라다. 규정이 없으면 적용을 할 수 없다. 법이 없으면 아무리 봐 주고 싶어도 봐 줄 수 없다. 그러니 장점도 많지만, 단점도 많다. 규정이 없어서 구제를 받지 못하고 있는 불가항력 조항에 병충해와 가뭄도 반드시 넣어서 조경식재업체들이 불공평하게 대접받고 있는 사항도 개선해야 한다.

전기와 설비는 준공하고 나면 시험 운전을 거쳐 유지관리 매뉴얼에 의해 작동한다. 조경용으로 식재된 수목도 반드시 유지관리 매뉴얼에 의해 언제 전정을 하고, 관수는 어떻게 해야 하며, 비료는 어떻게 언제 몇 차례에 얼마의 양을 주어야 하며, 병충해 구제를 위해 약제는 일 년에 몇 차례 살포해야 하고, 그리고 제초와 잔디 깎기 및 월동에 관한 규정을 유지관리 설명서에 포함해야 한다. 이렇게 시행하지 않을 시 발생한 하자 책임은 시공자에게 물리지 않아야 한다.

예전에는 조경한다면 '많이 남겠네요.'라는 말을 많이 들었다. 하지만 지금은 그렇게 말하는 사람은 거의 보지 못했다. 그 많은 하자를 어떻게 처리하느냐는 듯 불쌍한 눈초리로 쳐다본다. 많이 남을 때 우리는 주먹구구식으로 하자를 대처해 왔다. 그래도 남았으니까…. 이젠 아니다. 제대로 된 규정과 원칙에 의해 시공자가 잘못했으면 하자 처리를 시공인이 하고, 잘못 관리한 책임까지 떠맡는 불공정은 사라져야 한다. 이렇게 하려면 제도 정비부터 조경인들이 한마음으로 뛰어야 한다.

봄이 오면 이곳저곳에서 하자를 처리 하라는 연락이 온다. 시공자가 잘못하여 발생한 하자도 있지만, 이건 시공자의 책임이 아닌데 하는 생각이 드는 것도 한둘이 아니다. 특히, 공동주택에서 자신의 집안이라면 저렇게 되도록 수목을 버려두었을까 하는 의심이 가는 것은 조경업자들만의 생각일까?

하자 공사를 하기 좋은 시절이 오니 이렇게 아우성칠까 하는 생각이 들 때, 우리가 비록 잘못한 것이라도 짜증이 많이 난다. 그들은 봄, 가을이 되면 조경식재 하자를 요청해야 한다는 매뉴얼을 가지고 움직이지만, 우리는 조경 유지관리의 매뉴얼에 대한 규정이 없으니, 어찌하지 못하고 속절없이 하자처리를 하지 않을 수 없다. 기본적인 조경유지관리 사항만 정비해도 조경 하자가 아니라고 다툴 수 있는데 말이다.

조경업계는 '조경 진흥법'이 통과되어 좋다고 한다. 조경에 관한 법이 단독으로 체계를 가지고 처음으로 통과한 것이다. 항상 건축이나 국토개발에 관한 법 속에 부수적으로 조경이 들어 있었으니 이 법, 저 법 규정을 살펴봐야 하고, 법을 개정할 때마다 조경에 불이익이 있지 않을지 좌고우면(左顧右眄)해야 하는 것이 조경업계의 실상이었다.

조경 진흥법이 조경인들에게 불만족스러운 것은 사실이다. 하지만 의의가 크다. 이 법의 시행세칙을 어떻게 다듬느냐가 앞으로의 조경산업의 시금석이 될 것이다. 이런저런 생각을 하면서 이제 통과된 조경 진흥법에서 한 걸음 나아가는 지혜가 필요한 시점이다.

08. 조경공사업 면허 기준

2015. 5.

일전에 누가 "왜 조경공사업의 면허 기준에 토목 1명과 건축 1명이 들어가야 하는가?"하고 물었다. 또 "현재 1,000개의 종합조경업체가 있는데 이 인원을 조경인으로 대체하여 한 회사에 2명씩 조경인이 더 취직하면 2,000여 개의 일자리도 늘어나는데 조경업계가 너무 후학들의 취직문제에 소홀히 하는 것은 아닌가?"라고 물었다.

나는 이렇게 말했다.

"종합건설업종에 속하는 조경공사업은 그렇게 간단히 우리의 이익만 생각할 것이 아니라, 건설업에 속하는 대표적인 업종인 토목, 건축이 망라되어야 한다."

예를 들어 공원공사는 조경에 속하는 공사인데 공원 관리사(舍)를 짓는 공사는 건축물이므로 건축에 주고, 공원 내에 터 파기나 지하구조물 공사를 토목에 준다면 공원공사에서 조경공사의 영역은 매우 좁아질 것이며, 조경공사의 업역확대를 위해서도 건축과 토목 자격을 가진 사람이 조경공사업에 있는 것이 좋지 않겠느냐고.

그래서 조경공사업에는 건축과 토목을 각 1명씩 있는 것이 좋겠다고 설명하자 그분은 '그런 뜻이 있었군요.'하고는 수긍을 하였다. 이렇게 교육 일선에서 학생을 배출하고 있는 분들은 취직문제에 민감하다. 청년 실업이 60만 명이 넘었다느니, 한 집 걸러 한 명의 백수가 있다느니, 취직을 위해서는 스펙을 쌓아야 하므로 4년 만에 졸업하는 것이 아니라 대학을 5년씩이나 다니는 것도 많이 볼 수 있다.

이에 더 나아가 국가에서는 NCS(국가경쟁력 기준)라는 것을 만들어 강화하고 있으며, 이 표준에 맞는 교육을 받은 자가 진정으로 일터에서 잘 적응할 수 있고 직장에서도 바로 쓸 수 있다고 하여 박근혜 정부 들어와서는 NCS 표준화 및 정비에 많은 예산을 투입하여 대대적인 매뉴얼을 만들고 있다.

앞으로 대학교육이 이 NCS에 맞춰 시행된다면 여러 문제는 해결되겠지만 지금은 과도기로 그렇지 않은 현실이므로 현재 졸업하는 사람은 또다시 이에 맞는 공부를 해야 취직이 될지 모르는 현실이다. 그런데 이분이 가고 나서, '왜 조경공사업 면허 기준에 당연히 건축과 토목이 한 명씩 있어야 한다고 생각하게 되었을까?'하고 생각하니 너무 경직된 예전의 고루한 사고에 머물지 않나 자문해 본다.

우리는 항상 건축과 토목의 눈치를 보며 그들의 동의 내지는 허락이 없으면 아무것도 할 수 없는 소아(小我)에 머물러 오지 않았나? 과연 우리의 영역을 구축하기 위해 기술적인 능력을 배양하고 조경에서 하면 훨씬 잘할 수 있다는 것을 보여주면서 무수한 몸부림을 쳐왔지만, 근본적인 법률, 조례 정비 문제에는 소홀히 하지 않았나 반성해 보지 않을 수 없다.

요즈음 건설하는 아파트 중앙광장에 설치하는 그늘막을 보면 거의 고급 오픈 레스토랑의 시설을 갖춘 거대한 구조물이 많다. 이 공사는 당연히 조경 시설물 설치공사업 면허를 가진 회사에서 시공하고 있다.

이런 구조물은 철골이나 RC를 기본 골격으로 하고 있고 조명, 상·하수시설은 물론 조리를 위한 시설까지 들어와 있는 경우도 많다. 화장실과 사람이 누울 수 있는 방만 없을 따름이지 거의 건축물이라 할 수있는 구조물을 조경 시설물 설치업체가 훌륭하게 시공하고 있다. 또이 그늘막이야말로 아파트에서 가장 아름다운 선형과 외관을 가져 아파트 단지의 상징적 Landmark 역할을 하는 경우가 많다.

또 일전에 조성한 상상어린이공원의 구조물들을 보자. 이 또한 거대하고 아름다운 구조물로 조경 시설물과 어린이놀이터의 새 장을 열었다고 볼 수 있으며 조경 시설물 설치공사업을 가진 사람들의 능력으로 설치해왔다(그 공사로 인한 조경업체의 손익은 차치하고).

이 외에도 목교(木橋) 설치라든지, 거대한 벽천, 석가산의 설치 등 '조경 시설물 설치공사업'의 능력이 이렇게 늘어, 공학적인 기초를 가지고 확대되어, 아름답고 편리하며 구조적으로 안전한 공간을 연출할 수 있는데, 건축이나 토목의 도움이 있어야 일반공사업인 조경공사업을 할 수 있다고 생각하는 것은 자신을 너무 비하하는 패배주의적 사고에 젖은 것이 아닌가 반문해 본다.

처음 조경이 생겼을 때는 조경식재와 조경석 쌓기, 그늘막, 벤치 설치 정도가 조경의 영역으로 생각했을 수도 있다. 조경의 힘은 너무나도 미약하여 아파트의 어린이놀이 시설공사를 건축 분야에서 하는 건설사도 많았다. 조경용 포장도 토목에서 거의 시공하였지 조경공사의

아파트 티하우스 내부

영역이라고 생각한 사람은 거의 없었다. 기껏해야 잔디밭에 디딤석 정도는 조경의 영역이라고 생각했을 정도였다. 이런 시절에 만들어진 조경공사업의 기술능력 기준이 조경의 현실을 제대로 반영하고 있지 못할 수도 있다는 생각이 불현듯 든다.

서두의 이야기로 돌아가서 일반건설업에서 건축공사업과 토목공사업은 자신의 건축과 토목 인원만 있으면 업종을 설립할 수 있는데 유독 조경공사업은 그렇지 않으냐는 질문에 우리도 의문을 가지고 과연 지금의 규정이 옳은 것인지, 조경의 발전을 위해서는 어떻게 수정하는 것이 바람직한지 고민하고 연구해 볼 필요가 있다는 생각이다.

한 번도 생각해 보지 않는 사실을 조경계의 젊은 후학들은 끊임없이 고민하고 문제를 제기하고 있다. 이런 현실에 방해가 되는 늙은이로 남지 않기를….

09. 조경의 업역

에코스케이프. 2015. 7.

분당에 주상복합아파트를 짓는데 조경 포장 및 조경구조물(앉음 벽, 플랜트, 계단, 조경 포장 등)의 재질로 화강석 판석 붙임이 많았다. 무려 2만 m²가 넘는 물량이었다. 조경 포장 구간에 있는 물량이 대부분이므로 '조경 시설물 설치공사업'을 가진 업체가 다른 조경 시설물(놀이터, 그늘막 등)과 함께 수주하여 공사하였다.

'석공사업'을 가진 업체가 보니 건물에 사용되는 석재공사보다 조경공사업체의 돌 공사 물량이 많은 것을 보고 공사발주회사 외주팀에 가서 따졌다. 외주팀에서 검토를 해봐도 판석을 붙인다는 행위는 석공사가 당연히 하여야 한다는 생각이 들어서 발주가 잘못되었다고 판단하고 자신의 회사에 등록된 석공사와 조경공사업체를 불러 놓고 회의를 하였다.

석공사업체는 외주팀의 발주 실수를 성토하면서 다시는 이런 일이 없어야 한다고 주장했다. 분위기가 거의 그렇게 흘러가는데 조경업체 중에 한 사람이 발언했다. '단순히 석재를 붙이는 공사는 석공사면허가 있는 업체가 하는 것이 당연하다. 하지만 돌은 조경 소재의 하나이므로 돌을 다루는 작업은 조경 시설물 설치공사업 면허가 있는 업체가 하는데 법적인 문제가 없다.

예를 들어 포장이 돌로 되어있는 것을 유리 블록으로 교체되었다면 "금속구조물창호공사업" 면허가 있는 업체가 해야 하겠는가? 콘크리트로 설계변경이 되었다면 "철근콘크리트공사업" 면허업체로 발주한다는 것은 문제가 있지 않은가? 특히 아파트의 문설주에 철골로 골조를 만든 후 마감으로 기둥과 보를 돌, 유리, 목재, LED 등을 사용하였다면 어떤 면허를 가진 업체에 발주해야 한단 말인가? 아파트 문설주를 공종을 나누어 철강재 설치공사, 석공사, 지붕판금건축물조립공사, 전기공사 등으로 나누어 발주한다면 얼마나 공정관리가 힘들겠는가? 최상의 현장을 만들기 위해 디자인하여 제안한 업체에 공사를 주는 것이 당연한 것이 아닌가?'하고…. 외주관리팀장이 들어 보니 틀린 말이 아니다.

그래서 결론은 석공사업체들에 '디자인 능력을 길러 자신의 업역을 제대로 지키세요'로 결론이 났다. 이렇게 산업현장에서는 자신의 업역에 다른 공종이 침범했다고 생각이 들면 예민하게 반응한다.

'조경 시설물 설치공사업'의 업무 내용은 '조경을 위하여 조경석·인조목·인조암 등을 설치하거나 야외의자·그늘막 등의 조경 시설물을 설치하는 공사'로 정의하고 있고, 건설공사의 예시는 '조경석, 인조목, 인조암 등의 설치공사, 야외의자, 그늘막 놀이기구, 운동기구, 분수대, 벽천 등의 설치공사, 인조잔디 공사 등'으로 규정하고 있다. 이렇게 많은 항목을 늘어놓은 데는 이유가 있다.

1990년대 어린이놀이시설을 발주하는데 '조경시설물 설치공사업'의 공사범위에 어린이놀이시설의 설치에 대한 내용이 없다고 건설부(지금의 국토부)가 해석하여 '조경시설물 설치공사업'을 가진 업체가 어린이놀이시설 공사를 할 수 없다고 하였다.

그때 조경인들은 너무 놀랐다. 왜 이런 결과가 나왔는지는 알아보니 공무원이란 규정이나 법규를 확대하여 해석해서는 안된다는 원칙을 가지고 답변을 한 것이다. 또 공무원은 놀이시설을 누가 공사를 할 수 있다고 답하지도 않았다. 그럼 어쩌란 말인가? 어쩌면 한심하고 무책임한 답변이지만 이런 문제를 질문한 것이 너무 순진했다.

다행히 그해에 건설산업기본법 시행령을 개정하고 있던 때라 바로 놀이시설을 비롯하여 전에는 없었던 항목인 벽천, 분수 등도 조경 시설물 설치공사업이 하는 것으로 개정하여 문제없이 이 사건이 지나간 일이 있다. 이렇듯 우리나라는 규정이 없으면 하고자 하는 바를 하기 힘들다. 규정이 있어도 힘 있는 부서가 조그마한 연결고리가 있으면 일을 빼앗아 가려는 것이 현실이다.

최근에 아파트 단지의 공사에서 조경석 쌓기를 토공사 면허를 가진 업체가 시공하는 것을 종종 볼 수 있다. 아파트의 외부 골격을 잡는 과정에서 부대 토목업체인 토공사업체가 시행하면 작업의 진행상 편하게 할 수 있기 때문이라 생각한다.

하지만 '조경석 설치'는 엄연하게 조경 시설물 설치공사업의 영역인데 현장에서는 버젓이 토공 사업면허를 가지고 있는 업체가 시행하고 있다. 조경석 설치는 단순하며 구조계산이 필요 없는 공종으로 토공사업에서 시행하는 것은 발주가 잘못된 표본이다.

그러나 현장의 조경담당자에게 물어보면 자신의 회사 방침으로는 높이가 2m 이상인 조경석 쌓기는 구조상 문제가 있을 수 있으므로 토목 공종 업체에 하도급을 준다는 것이다. 엄연한 조경 공종의 한 영역으로 조문에 나와 있는데도 조경담당자가 바로 잡지 않고 있다는 것은 다른 공종의 침범이 조경공사의 장래에 무엇을 의미하는지를 모른다는 것이다.

조경석 쌓기를 구조계산하여 쌓고 있다고 토목에서 주장한다면 사기다. 어떻게 돌을 하나씩 놓을 때마다 구조계산을 한단 말인가? 돌이 겹치는 면적, 두께 등을 계산하면서 돌쌓기를 하려면 하루에 몇 개의 돌을 놓을 수 있겠는가? 토목기사가 돌 쌓는 인부를 불러서 조경석을 쌓으면 구조적으로 문제가 없고, 조경기사가 쌓으면 구조적으로 문제가 생긴다는 말인가?

조경석 쌓기란 구조계산을 할 수 없거나, 필요가 없는 곳에 쌓는 것이다. 오랜 경험을 토대로 이 정도 돌이 겹쳐지고 맞물리면 조경석 사이로 흙이 빠져나오지도 않고 적당히 보기도 괜찮고 토압도 견디는 것을 아는 장인이 쌓는 것이 조경석 쌓기다. 아무리 공학적인 근거가 중요해도 서구의 획일화된 공학 개념만 가지고 논할 수 없는 것이 조경석 쌓기이다.

토목을 하는 사람이 성과(成果) 위주로 조경석을 쌓다 보니 허접하다. 일이 거칠다. 쌓은 돌 위에 흙이 수북이 쌓여 있다. 조경석을 쌓으면 미관상 좋지 않다는 사태까지 오게 된 것이 싸구려 돌쌓기가 가져온 결과다. 예전 조경인들은 조경석을 쌓을 때 예술적 감각과 원칙을 가지고 작업했다. 돌을 쌓으면서 매지목을 넣어 돌 사이에서 흙이 빠져나오지 않고, 매지목의 높낮이가 돌을 돋보이게 하고 적당히 가려 아름다운 모양을 냈다.

때에 따라 길쭉한 자연석이 있으면 앞으로 쭉 튀어나오게 설치하여 파격의 멋을 연출했다. 시공현장에서 고생하는 조경인들은 사소한 문제라도 조경의 영역을 지키면서 더 연구, 발전시킬 때 조경의 발전이 있다는 사실을 기억해야 한다. 영역을 빼앗기고 기술 퇴보를 가져와야 되겠는가?

의령, 정암의 솥바위

조 경 이 야 기

2장

단상 2

봉원사의 봄

01. 양재 시민의숲 2

에코스케이프, 2015. 8월호

양재 시민의 숲을 거닐 때마다 서울의 강남에 이렇게 대단위의 평지에 숲을 조성했다는 것이 놀랍기만 하다. 아마 개발계획에 의해 아파트를 지었으면 몇만 명은 수용할 수 있는 부지에 이렇게 넓게 공원으로 조성을 하였다는 것 자체가 당시로서는 상당한 발상의 전환이었을 것이다.

서울시 기록을 보면 양재시민의숲 면적은 258,992m²이고, 조성은 1986년 아시안 게임과 1988년 올림픽을 앞두고 1983년 착공하여 1986년도에 서울의 관문에 해당하는 양재동 톨게이트 근처에 조성했다.

한해에 163만 6천 명이 방문한다고 한다. 지금은 나무가 잘 성장하여 아주 자연스러워 봄에는 목련, 산수유, 박태기, 철쭉꽃이 만발하고, 여름에는 버즘나무, 은행나무, 단풍나무, 메타세쿼이아 등의 녹음이 싱그러워 그 그늘에서 낮잠을 자면 절로 잠이 오고, 가을이면 발목이 푹 빠지는 낙엽의 정취를 느낄 수 있으며, 겨울에 눈이 왔을 때 공원을 방문하면 상록과 낙엽이 어우러진 아름다운 공간의 조화를 느낄 수 있다.

하지만 양재시민의숲은 그 나름의 훼손과 상처를 받아 왔다. 이렇게 아름다운 숲이 지금까지 어떻게 잠식되었는지 최근 양재시민의숲이 리모델링을 한다고 해서 몇 자 언급하고자 한다.

평지에 인위적으로 조성된 숲으로는 함양의 상림숲을 거론하며 최치원의 혜안을 이야기한다. 1,100여 년 전에 농경지도 모자랐을 법한데 평지에 이런 수림대를 조성한 것은 앞날을 예견한 천재적인 생각이 아니고는 불가능하다며 많은 학자가 상림숲에 대하여 연구를 하였다.

나는 양재시민의숲을 만든 동기가 어떠하였는지는 여기서는 언급을 자제하고 서울에도 이토록 넓은 평지에 10만 그루가 넘는 나무를 심어서 공원을 만들었으며 이 공원이 지금까지 유지하며 서울 시민이 애용하고 있지만, 서울숲이나 다른 공원에 비하여 주목을 받고 있지 않은데 의구심을 항상 가져왔다.

그래서인지 이 넓은 땅에 이상하게 여러 가지 시설이 들어와 공원 숲을 잠식했다. 공원에 시설이 들어와서 공원을 더욱 돋보이게 하는 경우도 종종 있다. 여기서 양재시민의숲에 들어온 시설을 언급하므로 숲이 더욱 좋게 되었는지는 독자의 판단에 맡기고자 한다.

공원 안에는 현재 여러 가지 시설이 들어와 있다. 대표적으로 야외 예식장이 있다. 몇 곳이 조성되어 결혼식을 거행하는 것을 가끔 볼 수 있다. 평소에 사람들이 쉴 수 있는 공간으로 활용하고 있다.

그리고 족구를 주로 하는 배구장과 농구장이 있고 여러 곳에 그늘막과 화장실이 설치되어 있으며, 분수와 계류를 끼고 있는 어린이놀이터도 있으며 곳곳에 주차장도 마련되어 공원으로의 면모와 시설을 가지고 있다.

그 외 이런 시설이 들어와 있다.

첫째, '윤봉길 의사 기념관'이 들어 와 있다. 거대한 기와집으로 기념관을 지어 놓고 주차장과 동상이 서 있는 유역까지 따지면 넓은 면적을 차지하고 있는데 1987년에 착공하여 1988년에 준공하였다. 당시 노태우 대통령이 준공식에 참석할 정도의 큰 공사였는데 숲의 많은 부분이 없어졌다.

양재 시민의 숲 _윤봉길 기념관

둘째, 숲의 남쪽으로 가면 '대한항공 위령탑'이 넓은 면적을 차지하고 있다. 1987년 대한항공기가 소련의 국경을 침범했다고 소련전투기가 파괴하여 희생이 컸는데 그때 죽은 사람을 기리기 위해 1990년에 건립했다.

'ㅅ'자 형태의 구조물과 넓은 원형 잔디

양재 시민의 숲 _KAL 위령탑

밭으로 조성했는데, 한 바퀴를 돌면 시간이 제법 걸릴 정도의 면적이다. 이 해에 동시에 이상하게 양재천에 붙은 숲의 가장자리에 '테니스장'이 들어섰다. 이 테니스장의 주인이 누구인지 특혜시비가 말썽이 되었는데, 어찌 되었든 숲은 일부는 없어지고 실내 테니스장과 옥외 테니스장이 들어 서 있다.

대한항공위령탑에서 도로 쪽으로 난 오솔길로 북쪽으로 나오면 그 옆에 조그마하게 '유격 백마부대충혼탑'을 건립했는데 1992년에 세웠다. 이 충혼탑은 좁은 면적에 하늘을 향해 손을 들고 서 있는 동상으로 인상적이다.

또 다른 시설로 가장 남쪽에는 '삼풍사고위령탑'이 넓은 면적을 차지

삼풍사고위령탑

하고 있다. 물론 대한항공 위령탑이 차지하고 있는 면적에 비할 바는 아니지만 1995년 백화점이 무너지면서 많은 사람이 희생당한 사건을 기리기 위해 1998년도에 서울시가 땅을 내어준 모양이다.

양재 시민의 숲 _유격백마부대충혼탑

여기도 주위의 기존 숲을 생각해 볼 때 많은 나무가 사라진 것을 알 수 있으며 어쩌면 서울시의 정책이 양재시민의숲의 남쪽 부지는 위령탑을 세우는 부지로 작정한 지도 모르겠다. 2000년도에 들어와서도 지속적으로 숲의 잠식은 가속됐는데 가장 큰 공원의 숲이 사라진 것은 2002년도 '어린이교통공원'을 조성하여 운영하는 것과 2005년 이 숲 내에 '영어마을'을 유치한 일이다.

어린이교통공원은 양재시민의숲과는 다른 부지일 수 있지만, 고속도로 옆의 일부 부지에 조성하여 라이온스클럽에서 운영하고 있는데 연평균 10,000명 정도가 이용하는 어린이 공원으로 활용하고 있다. 영어마을이 들어선 부지는 원래 문화예술공원으로 불리며 여러 조각상이 놓여 있고, 야외 공연할 장소도 마련되어 있었으며, 넓은 포장이 있어 저녁이면 인라인스케이트를 타는 사람들도 자주 이용을 하는 공간이었다. 어느 날, 원어민이 직접 영어교육을 한답시고 영어마을이 들어선 것이다.

공원의 한가운데 시설이 들어서 울타리를 두르고 공원을 산책하는 사람들의 동선을 막아버렸다. 지금 영어마을은 적자에 허덕이다가 곧 철거한다는 소문을 들었으며 현재는 아무도 오지 않아 굳게 문을 걸어 잠근 흉물로 남아있다.

이렇게 넓은 면적에 숲을 조성하고 그 땅을 어떻게 관리해 왔는지 되돌아볼 수 있는 곳이 양재 시민의 숲이다. 지금도 우람한 윤봉길 기념관 뒤에 초라하게 붙어있는 공원 관리사무소의 모습을 보면 이 공원의 현주소를 말해준다고 할 수 있다.

평지의 open space에 조성된 숲은 권력이 있는 이익집단에 의해 마음대로 이용되는 공간이 아니라 자손 대대로 물려주어야 할 유산일진대 너무 막 대해온 것 같은 느낌이 든다. 또, 어떤 이유로 숲 일부가 훼손될지 걱정이다. 양재시민의숲이 제대로 대접을 받지 못하고 압력(?)에 의해 잠식되었다면 조경인들이 분연히 나서야 한다. 다시 양재시민의숲을 증·개축한다고 하니 30여 년 잘 자란 숲을 개악하는 실수를 범하진 말아야 할 것을 기대한다.

02. 조경학과의 탄생

2015. 11.

석가가 열반에 든지 600여 년이 지나서야 불경이 쓰이기 시작했다. 그래서 불경은 여시아문(如是我聞)으로 시작한다. 석가가 직접 말했다기보다는 나는 이렇게 들었다는 뜻이다. 석가가 말하고 너무나 많은 세월이 흘러서 석가의 가르침을 해석하는 방법도 가지 가지다 보니 무려 8만 경이나 되는 이야기 책이 되었다.

조경도 생겨난 지 40여 년이 지난 지금 우리나라의 조경이 어떻게 도입되었는지에 대하여 들은 대로 쓰고자 한다. 처음 조경 분야를 만든 사람들이 거의 살아 있는 지금, 들은 이야기를 기록하므로 잘못된 점이 있으면 수정하는 내용이 나올 수 있으면 좋겠다. 이를 계기로 조경이 처음 도입될 때의 다른 야사도 나올 수 있으면 좋겠다는 생각으로 서두를 풀고자 한다.

제3공화국 시절 경제개발 5개년계획을 추진하다 보니 국토의 많은 부분이 본의 아니게 훼손되었다. 그래서 훼손된 부분을 복구하는 수단으로 들여온 분야가 조경이다. 그렇다면 지금의 조경과는 약간 거리감이 있다. 오히려 요즈음 이야기하는 복원 분야와 가까운 분야로 조경이 시작되었다고 볼 수 있다. 그 시절은 금수강산이라고 불리는 국토가 거의 온전하게 보존되고 있었으니 훼손한 분야만 잘 복구하여도 충분했을 것이다.

여기에서는 조경과가 어떻게 농대로 오게 되었는지에 대하여 들은 이야기를 쓰고자 한다. 연세가 있는 분들은 잘 알고 있는 이야기지만, 지금 조경 분야에서 활동하는 많은 젊은 사람은 생소한 이야기일 수 있어서 정리하는 의미에서 기록으로 남기고자 한다.

조경을 가르치는 학과를 만들라는 명령을 받은 청와대 조경담당 특보는 서울대학교의 공대, 미대 그리고 농대에 조경과를 만들 계획안을 청와대에 와서 브리핑하라고 지시했다. 그 당시 공대는 많은 과가 있었으므로 새로운 과를 만드는데 관심이 별로 없었다. 과도 몇 개 되지 않는 미대는 조경과가 미대에 생기면 미대의 위상이 높아질 것이라는 생각에 학장의 특별 지시로 브리핑 자료를 미대생들을 동원하여 잘 만들었다.

그 당시 A0보다 큰 종이(全紙)에 lettering으로 글씨를 쓰고 도표를 만들어 지시봉으로 종이를 넘겨 가면서 보고하는 자료를 만들었을 것이다. 미대생들이 만들었으니 좀 잘 만들었겠는가? 아마 대통령이 읽었을 자료는 타이핑을 하고 예쁜 글씨체로(color를 넣어서 만들었는지 모르지만) 정교하게 만들었을 것이다. 농대에서는 교수회의에서 그 당시에 학과가 10개가 넘으니 더는 학과를 늘릴 필요가 없다는 결론을 냈다.

그런데 청와대의 지시를 받았으니 하지 않을 수는 없고 그냥 임학과에서 조원학을 가르치는 교수가 알아서 처리하기로 하였다. 그 교수는 단과대학에서 도와주지 않으니 혼자서 열심히 브리핑 자료를 만들었다. 글씨와 그림도 자신이 모두 직접 쓰고 만들었다고 한다. 그때의 어려움은 많았을 것이다. 단과대학이 도와주지 않는 가운데 혼자서 대통령에게 보고할 자료를 만든다는 것은 요즈음 대통령에게 보고할 PPT 자료를 혼자 만드는 것과 같은 일이 아니겠는가?

하지만 그 교수는 그림도 잘 그리고 글씨도 잘 썼다. 그래서 그럴듯하게 브리핑 자료를 만들었는지 모른다. 운명의 날은 오고 대통령 앞에서 직접 브리핑을 하였는데, 대통령이 말하길 조경의 가장 중요한 점은 식물을 알아야 하고, 美에 대한 지식이 있어야 하며, 공학적인 지식이 필요한데 이런 분야를 다 가르치기에 적합한 대학이 어디냐는 것이었다.

공대의 발표자는 공학적인 것은 가르칠 수 있는데 미학적인 것과 식물에 관한 것은 가르치기가 곤란하다고 했고, 미대도 역시 미학적인 것은 가르칠 수 있는데 식물과 공학적인 것을 가르치기에는 준비가 되어있지 않았다. 농대에서는 식물은 당연히 가르칠 수 있고 농공학과가 있으니 공학적인 것도 가르칠 수 있는데 미학적인 분야는 가르칠 수 있는 준비가 되어있지 않았다. 그래서 가장 약점을 적게 가지고 있는 농대에 미학을 교수할 수 있는 인원을 보강하여 학과를 개설하라는 결론을 내렸다.

어쩌면 훼손된 국토 미화의 가장 기본인 식물을 가르치는 대학에 조경과가 오게 된 것은 사필귀정인지 모른다. 그 당시 농대에서 학과장을 하려면 상당한 연륜이 있어야 할 수 있었는데 젊은 교수가 학과장을 하니 시선이 별로 좋지 않았다고 한다. 미학을 가르칠 수 있는 교수로 적당한 사람이 있었는데 그분은 학부 성적의 학점이 3.0 이상 되어야 서울대 교수가 될 수 있다는 자격에 미달하여 교수가 되지 못하고 다른 분이 교수로 와서 2명으로 조경학과를 개설하여 처음 출발하였다.

그때 대통령이 은퇴하면 총장으로 갈 것이라고 소문이 파다했던 영남대학에도 같이 조경학과를 개설하여 73년도 처음으로 국립대학에 하나, 사립대학에 하나 두 곳의 대학에서 조경과를 신설하게 된 것이다.

이렇게 시작된 조경학과의 발전은 날로 눈부시게 나아져 지금의 상태가 되었다. 미대에서는 과를 유치하기 위해서 여러 가지 로비를 하였지만 통하지 않았다. 그때 사람들의 판단을 보아 어느 단과대학에 조경과가 설립했어도 아무런 이의가 없었을 것인데 가장 적합한 대학에 조경과를 유치하게 한 판단은 정책을 펴는 자는 한치의 사견이 있어서는 안 된다는 것을 보여주는 본보기가 될 만한 사건으로 볼 수 있다.

로비와 작당이 통하지 않고, 올바른 방향(?)으로 모든 것이 결정되는 세상, 이렇게 해야 사회는 불만이 없어지고 공정해져 발전하는 것이 아니겠는가?

03. 관행
-조경수 생산에 부쳐

2016년

예전에 휴대전화를 사려면 꽤 많은 돈이 들었다. 기계비를 제외하고도 50만 원보다 큰돈을 통신사에 예치해야 했다. 김영삼 대통령 때 규제개혁을 한다고 이 유치금 제도를 없애고 기존 가입자에게 이 돈을 돌려줬다. 그 돈이 자그마치 4조 원 정도였다고 한다.

이 일을 추진할 때는 당연한 일이라고 생각했다. 초기에는 통신망을 까는 데 필요했는지 모르나 확충된 후에는 무엇 때문에 그 돈을 계속 받아야 하는지 모르는 마당에 가입자에게 돌려주는 것은 당연했다. 하지만 막상 일을 추진하니 금액이 너무 커서인지 어려움은 한둘이 아니었다.

담당자에게 지인들을 통하여 압력이 들어 왔다. 왜 당신이 나서서 그런 일을 추진하느냐? 가만히 있어도 봉급 나오는데 지장 없는데…. 그래도 일을 추진하자, 집으로 밤늦게 전화가 왔다. '당신 딸이 어느 학교 다니지요. 몇 번 버스를 몇 시에 타고, 언제 집에 오지요'하고 끊더라는 것이다.

머리끝이 쭈뼛 섰다. 그래도 무식하게 밀어붙였다. 그래서 우리는 지금 싼값(?)에 휴대전화를 구매하고 있다. 이렇듯 규제를 철폐하는 것은 어려운 것이다. 당연한 것도 담당자의 자기희생이 없으면 거의 불가능한 것이 현실이다.

또 다른 이야기 하나. 고궁을 들어가려면 입장료를 받는데 들어가면 자유로이 구경할 수 있다. 유독 창덕궁만 들어가는 시간이 정해져 있고 안내를 받아서 코스를 따라가야 했다. 들어가서 주합루 앞에서 자유시간을 좀 주면 사진을 찍고 휴식을 취하다가 정작 더 뒤쪽의 어정(임금이 마신다는 우물) 등은 구경을 제한하여 보지 못하고 그냥 나와야 했다.

박정희 정권 시대부터 생긴 관행이다. 그 시대에는 그렇게 한 이유가 있었을 것이다. 지금도 그래야 하는지는 의문이다. 하지만 그렇게 하고 있다는 것은 관행이 한번 생기면 이렇게 바꾸기가 어렵다. 지금의 국민 수준으로는 창덕궁 안에 아무리 귀중한 식물과 문화재가 많을지라도 관람 중에 훼손할 사람이 누가 있을까? 라는 생각이 들지만, 그 관행이 없어지지 않은 것은 우리 사회의 경직성을 말해주는 단편으로 볼 수 있다.(지금은 많이 달라졌다.)

상트페테스부르크의 겨울 궁전이나 모스크바의 크렘린궁을 들어갈 때 반드시 현지 안내원을 대동해야 한다. 그것도 관광객에게는 이상한 관행 중의 하나였다. 우리에게 설명하는 것도 아니고, 데리고 들어간 가이드를 에스코트하는 것도 아니고, 한 명의 실업자(?)를 구제하는 그 이상, 이하도 아니었다. 공산국가 때부터 있던 관행의 하나일 것이다.

우리 사회에는 청산해야 할 많은 관행과 제도들이 있다. 그러나 지금까지 해 왔으니 그렇게 한다가 답변인 경우가 많고 나아가서는 다른 사람은 아무도 이의를 제기 않는데 너는 왜 그렇게 튀느냐고, 불평분자로 낙인이 찍히는 경우가 많다. 그래서 누가 말하길 개혁이 혁명보다 힘들다고 말하는지 모른다.

산림의 통계를 보면 조경수 생산이 산림에서 가장 큰 매출 비중을 차지한다. 하지만 조경수 식재를 위한 산지에 대한 여러 가지 규제를 보면 난수표를 해독하는 듯하다. 산지에 조경수를 심으려면 얼마나 힘이 드는지, 그리고 식재비 외에 경비가 얼마나 많이 드는지 해본 사람은 알 것이다.

이러한 이야기를 산림청에 가서 이야기하면 당연히 잘못된 제도라고 이야기한다. 하지만 아무도 제도나 법을 바꾸려고 하지 않는다. 산림정책은 조경수 생산에 맞추어져 있지 않으니…. 현재 산림에서 매출 비중

서양측백 포터재배

이 가장 크든 말든 장기적으로 목재 생산과 녹음 제공 등에 초점이 맞추어져 있으니 산림의 토양은 조금도 유실되어서는 아니 되고, 산에 임도를 개인적으로 내는 행위는 산림의 파괴행위로 보지 산을 더 가꾸기 위한 행위로 보지 않기 때문에 모든 절차가 까다롭고 경비가 많이 들게 제도화되어 있다.

산에 임도를 제대로 건설하면 산불 예방이나 치산에 도움을 준다기보다는 산에 나무 심을 면적이 줄어든다는 단순 계산과 개인적으로 불법을 저지를 수 있는 개연성 때문에 이렇게 제도를 까다롭게 하는 것은 너무 구시대적 발상이 아닐까?

조경식재공사 금액의 절반이 수목이고, 대부분의 조경수목을 산림에서 생산하는 것이 현실이다. 이에 조경수 생산을 위해서 산림청이 적극적으로 제도 개선을 하지 않으면 많은 수목재배업을 하는 자는 자의든 타의든 법을 조금 위반을 해가면서 일을 하게 된다. 그것이 고발이 되고 조사를 하지 않아서 그냥 넘어갈 뿐이지….

국유림에 누가 묘를 쓰길래 경찰서에 신고했다. 경찰이 나와서 보니 몇백 명이 운집하여 장례를 치르고 있는데 어찌하겠는가? 사진 몇 장 찍고 갔다.

그리고 신고한 사람만 몇 번이고 출두하라고 하여 정황만 묻고 성가시게 했다. 법은 있으나 정식으로 신고한(법을 지키려고 한) 사람만 번잡하게 되었다. 법을 어긴 사람은 관행이라는 이유로 버티면 그것으로 끝이다. 죽음 앞에 관대한 관행을 이용하면 그 뿐이다. 이러니 누가 이런 불법을 보고 신고 하겠는가?

산에 허가를 내고 도로를 냈다. 도로 폭이 허가한 폭보다 조금 넓었다. 그해에 비가 많이 와서 도로가 유실되면서 산 아래 농사에 피해를 줬다. 도로를 낸 사람이 농민에게 피해는 보상해 주었지만 도로 폭이 규정보다 넓은 사항 때문에 정부로부터 벌금이 나왔다.

정확한 결정이면서도 한편으로는 씁쓸한 구석이 없지도 않다. 작업하다 보면 차도 돌려야 하고 나무를 내려야 하는 면적이 필요한 곳도 있어 도로가 넓을 수도 있는데, 누가 쓸데없이 돈을 더 들여 자기 산에 넓은 도로를 내어 황폐화하고 싶겠는가? 자신의 산에 나무를 심고 임도를 내면 보조금을 주고, 전기도 끌어올 수 있게 전봇대도 설치해 주어 전기를 이용하여 심은 나무에 물주기도 편리하게 하여 주면, 산림 활용도는 더욱 높아질 것인데 말이다. 이렇게 되기에는 아직도 요원한 것 같다.

서로의 견해가 다르면 똑같은 사안을 보는 시각도 이렇게 다르다. 감시하는 측면에서 보면 이런 의문들은 전부 부정적으로 보여 규제의 대상이고 시행하는 측에서 보면 전부 필요 없는 간섭이다. 왜 사람들은 개인적으로 만나면 서로의 상황을 잘 이해하는 듯하다가 어떤 단체의 입장이 되면 전부 경직되는지 알 수가 없는 것이 세상살이인가 보다.

04. 다름을 인정하며 화합한다

에코스케이프. 2016. 2월호

이솝우화를 보면 늙은 아버지와 어린 아들이 당나귀를 몰고 가는 이야기가 나온다.

부자가 그냥 당나귀를 몰고 가니 사람들이 수군거린다. 왜 당나귀를 타지 힘겹게 걷느냐고, 그래서 아들이 타니 늙은 아버지를 위하지 않는다며 욕한다. 아버지가 당나귀를 타니 어린 아들은 걸린다고 흉본다. 둘이 타니 동물 학대라고 나무라서 할 수 없이 부자는 당나귀를 둘러매고 가니 모두의 웃음거리가 되었다.

이토록 모든 사람을 만족시키기는 힘들다. 요즈음처럼 정보가 개방된 사회에서는 어디에서 누가 조금만 무엇을 도모하려 해도 내용이 바로 공개되어 이해 당사자들이 목소리 높여 자신의 의견을 개진하니 통합된 관점을 갖기가 어렵다. 특히, 소수 약자의 목소리가 더 크고 끈질기게(?) 반대하니 더 통일된 관점을 갖기란 힘들다.

조경에 관련된 단체 및 기구도 전문건설 조경식재, 시설물 설치협의회, 조경학회, 환경계획기술학회, 조경수협회, 환경계획조성협회, 대한 건설조경협의회, 환경조경발전재단, 조경사회, 조경자재협회, 인공지반녹화협회, 생태보전협회(이상 언급된 단체들은 순서 없이 무작위로 기술하였으므로 혹시 단체명이 오류가 있을 수 있으며, 언급되지 않은 단체에서는 섭섭함이 없기를 양해 바랍니다) 등. 이 이외에도 많은 조경단체와 모임, 그리고 조경과 영역이 중복되는 토목, 건축, 산림, 원예에 관련된 여러 단체와 기구들이 있다.

이러니 조경에 관련된 어떤 사안이 있을 때마다 각자의 이해관계가 다르니 의견을 통일하기란 보통 어려운 것이 아니다. 어떻게 생산, 계획, 설계, 유통, 건설, 자재 등 모든 분야가 만족할 수 있는 의견이 나오겠는가? 조경하는 사람이라면 위의 단체들에 한두 개 이상 관련되지 않은 사람은 없을 것이다. 그런데 어떤 단체의 이해관계는 맞아떨어지는데 다른 단체의 입장에서는 반대 의견을 낼 수밖에 없는 경우도 많다.

현재 조경에 관련하여 여러 가지 일이 거론되고 있다. 국가 공원법, 산림법, 도시농업법, 조경진흥법, 환경보전법, NCS 작성, 관급자재에 관한 규정, 마스, 조경식재 표준 하도급 계약서, 조경 설계 기준 등, 그 외 여러 조경 관련 행정명령, 시행세칙, 연구용역들…. 이 사안들이 자신이 속해 있는 처지에서 이익이 날 수도 있고 손해가 될 수도 있는 경우가 종종 발생한다.

예를 들면 시공에 관련한 일이라도 발주하는 사람의 생각이 다르고 수주하는 사람의 처지가 다르니 규정 하나가 달라지면 같은 조경의 울타리에 있지만, 서로의 의견이 다른 경우가 너무 많다.

조경의 특성상 국토부, 환경부, 농림식품부, 지식경제부, 노동부 등 관련되지 않는 부처가 없을 정도로 많은 부문과 연결되어 있고 산하

단체로 농촌진흥청, 산림청, 4대강유역청 등 외청(外廳)의 여러 기관과 도 밀접하게 관계된 일을 하는 것이 조경이다. 이러다 보니 각 부처의 법이나 규칙이 바뀔 때마다 찬 서리를 맞거나 혜택을 보곤 하니 매사에 사람들이 긴장하여 신경질적인 반응으로 사안에 응대한다.

특히, 조경업계 내에서도 짚신 장사와 나막신 장사로 나뉘는 판국이니 그 찬반(贊反)의 행태는 극명하다. 찬성 쪽에서는 항상 가만히 있는 편이고 반대하는 쪽에서는 아우성을 치니 관계기관의 측면에서 볼 때 조경은 항상 반대만 하는 단체로 인식하고 성가신 존재로 치부하고 있는 것을 볼 때 인식을 개선할 필요가 있다.

격랑하는 현시대에서 조경이 잘 되는 길이 무엇인가를 종종 자문해 본다. 어떤 일을 찬성하고 어떤 일을 반대해야 조경에 조금이라도 보탬이 될까도 생각해 본다. 명확한 기준이 없는 것은 확실하다. 추진하는 사람은 추진하는 논리가, 반대하는 사람은 반대하는 논리가 있다. 합일점은 없을까? 중재할 수 있는 기관은?

그런 일을 하기 위해서 만든 단체(위원회 등)도 반대에 부딪혀 제 기능을 하지 못하는 현실로 볼 때 새로운 무엇을 만들기도 그렇다. 조경을 위한 언론이 과연 정론(正論)은 펴고 있는지? 언로(言路)가 열려있는지도 판가름하기 힘든 현실에서, 한때 조경을 위해 불철주야, 노심초사하던 원로분들이 현재 당면하고 있는 문제들에 해답을 줄 혜안을 가지고 있지는 않은지? 그분들이 결론을 내주면 지금 활동하고 있는 분들이 과연 따를 수 있는지?

아니면 지금 구성된 어떤 상설기구에서 끝장 토론을 하여 장래의 나은 길을 찾을 수는 없는지? 대원칙은 지구를 위하고 인류를 위하고 국가를 위하는 방향으로 결정되어야 하는 것은 확실한데 자신이 주장하는 바가 그러하다고 우기니 어렵기만하다.

군자는 화이부동(和而不同)이요, 소인은 동이불화(同而不和)라고 했다. 즉 군자는 다름을 인정하면서 화합하여 살고 소인은 서로의 개성을 인정 못하고 하나가 되어야 직성이 풀린다는 속 좁음을 나타내는 이야기다. 조경도 여러 이해관계자가 있으니 서로의 다름을 인정하고 화(和)할 수는 없는지? 모두 하나의 깃발 아래 일사불란하게 행동하는 것이 좋은 것 같지만 마음에서 우러나오는 화합을 못 한다는 것은 올바른 길이 아니라는 것은 자명한 사실이다.

지금 열심히 토론하고 있는 여러 난제를 현재 조경에 어떻게 도움이 되느냐가 아니라 장래에 어떻게 해야 사회 전체에 도움이 되며 조경에도 활동의 장을 제공해 줄 수 있을 것인지에 대해 고민을 해야겠다. 그런 연후에 서로의 의견을 모아 가는 설득이 필요하다. 지금 발이 시리다고 발에 오줌을 눠 봐야 결과는 뻔하지 않겠는가? 각 단체를 맡은 분들께서는 백가쟁명(百家爭鳴)의 시대에서 상황에 맞는 판단이 필요하다고 생각한다.

업계의 앞날에 더 나은 희망을 주는 처신과 판단을 생각하며, 굴원의 초사(楚辭) 한 구절로 이 글을 마무리할까 한다.

滄浪之水淸兮 可以濯吾纓

창랑의 물이 맑으면 갓끈을 씻고

滄浪之水濁兮 可以濯吾足

창랑의 물이 탁하면 발을 씻는다

05. 조경진흥단지에 대하여

조경신문. 2016. 4. 17.

조경진흥법이 통과한 지도 상당한 시간이 흘렀다. 정작 조경진흥법이 통과되고 시행령, 시행세칙, 5개년 실천계획을 수립하였지만 크게 성과를 내지 못하고 있다. 진흥법에서 규정하고 있는 내용 중에 조경진흥단지에 대하여는 조경인들의 관심이 희박한 것 같다.

조경진흥단지는 조경의 자재를 생산하는 단지를 조성하기 위한 개념이다. 조경시설물을 생산하기 위한 공장은 기존의 공단조성에 관한 규정들에 준하여 설립하면 된다. 그러나 조경의 주 자재인 조경수목은 지금까지 농민이나 임업인들이 담당해 오다 보니 건설의 중요 자재인 조경수 생산이 체계적으로 생산하지 못한 것 또한 사실이다. 이제 조경진흥단지의 조성에 관한 규정이 생겼으니 산업 자재로써 조경수 생산을 해야 하는 수단을 취해야 한다.

조경수는 주로 임야, 논, 밭에서 재배하여 조경현장에 공급하고 있다. 그러니 산업 자재로 하기에는 조금 문제가 있었는데 조경진흥법의 통과로 단지를 조성하여 계획적으로 생산하면 조경 자재산업에 획기적인 전환의 계기가 되지 않을까 생각한다. 요즈음은 조경수를 전, 답에 심어 생산할 때는 주위의 피해가 없다면 큰 문제는 없다.

특히 농로도 잘 정비되어 있고 관정, 전기 등이 들어가지 않는 곳이 거의 없으므로 재배, 출하하는데 제약이 별로 없는 셈이다. 그러나 상당수의 조경수는 임야에서 생산하고 있는 현실에서 조경수를 생산하는데 여러 가지 제약이 따른다. 본인의 땅에 조경수를 심어도 산림법에 따른 제약조건이 많다.

임도를 내는 문제, 조경수 생산을 위해 임야를 사용 승인받는 문제, 전기공급, 급수시설 등 해결해야 할 문제가 한둘이 아니다. 그러니 개인이 이런 어려움을 풀어가면서 조경수를 생산하기에는 한계와 큰 비용이 따른다.

이젠 조경진흥법이 통과되어 이 법을 근거로 조경진흥단지를 만들면 조경 자재의 생산에 많은 문제가 해결될 것이다. 이미 만들어진 시행령, 시행세칙은 조경수 생산을 위해서는 맞지 않는 부분이 많다. 그러므로 여러 조경인들이 관심을 가지고 현실에 맞게 고쳐야 실질적인 조경수 생산을 위한 조경진흥단지를 만들 수 있다.

조경진흥단지는 이미 만들어진 공단이 그러하듯 정부의 지원이 절대적으로 필요하다. 만약 우리나라가 창원, 구미, 군산 등지에 정부에서 적극적으로 공단을 조성해 주지 않고 각 회사보고 알아서 공장을 짓고 생산하라고 했다면 이렇게 수출 강국이 되었겠으며, 잘 살게 되었을까?

정부의 관계 부처와 지방자치단체를 찾아가 조경진흥단지의 조성을 위한 홍보를 해야 한다. 지금까지 이런 것이 없었으니 공무원들은 당연히 부정적인 의견이 많을 것이다. 공무원들이 잘 도와주어 조경수 생산을 하는데 문제가 없었다면 조경진흥법을 만들 필요도 없다. 특히 조경진흥단지를 공단조성 정도로 생각하고 있거나 임야에 조경진흥단지를 만든다는 것을 이해하지 못하는 현실이다.

처음 하는 것이니 아이디어, 홍보, 방법들을 찾아야 한다. 가는 길이 법을 만드는 것이고 원칙을 만드는 것이므로 누가 봐도 공정하고, 국가의 백년대계에 도움이 되는 방법을 만들어야 한다. 현실적이지 않은 두루뭉술한 계획안은 지금까지 시행착오로 족하다. 중앙정부가 무엇을 도와주고, 지방자치단체는 어떻게 해야 조경진흥단지를 조성할 수 있고, 조경인들은 어떻게 참여하여 조경수를 생산할 방법을 내놓아야 조경진흥단지를 만들 수 있을 것이다.

조경업의 규모가 4조 원 정도가 된다고 가정하면 식재 공사비 중 주자재인 조경수목이 차지하는 비중이 60%를 넘는다. 그런데 이렇게 큰 비중을 차지하는 자재 생산을 그냥 일차산업에 종사하는 분들에게 맡겨둔다면 조경업은 영세성, 비합리성, 비조직성을 벗어나기 힘들다.

산지가 많은 우리나라에서 임야를 제대로 활용하는 방법으로 산림에 관계되는 공무원이나 기관들도 적극적으로 조경진흥단지를 유치하여 산림 활용에 관해 연구해야 한다. 조경진흥단지를 여러 곳에 만들어서 건설, 환경, 산림의 효과적인 활용 등에 이바지하고 조경의 발전에도 도움이 되기를 기대하며 많은 조경인, 조경수를 생산하는 분들의 관심을 기대한다.

06. 유적지 이용에 대하여
-옛것의 현대적 의미

건설신문 2016. 6.

우리나라의 볼 것이 가장 많은 곳은 서울이다. 그중에서도 고궁이야말로 가볼 만한 한국의 대표적인 옛 구경거리이다. 또 고궁 중에서 가장 볼만한 곳은 조선의 정궁인 경복궁이다. 경복궁에서 가장 아름다운 공간이 경회루와 향원정이라 생각된다. 하지만 그 아름다운 공간을 먼발치로만 바라보게 되고 정작 그 정자에 올라서 옛사람들이 누렸던 풍류를 느껴볼 기회는 드물다.

현재 우리의 옛 유적이 많이 복원되거나 새로이 보수하여 그 지방의 자랑으로 소개되고 있지만, 예전에는 마음대로 올라가 보고 만져보면서 생각에 잠길 수도 있던 공간이 복원이나 개보수를 하고 나면 '출입금지'라는 푯말과 함께 그 구조물은 경관의 대상으로만 자리매김하고 있다.

밖에서 문화재를 보면서 그 위에서 보는 경치를 상상으로만 느낄 수밖에 없을 때, 과연 전통적으로 아름답다고 생각되는 경관을 감상하는 위치에 있는 정자가 우리에게 무슨 의미가 있을까 생각해 본다.

시엠립 유적지

외국을 여행하다 보면 좋은 유적에 무분별하게 사람들이 이용하여 망가진 건물을 많이 보았다. 특히, 앙코르와트를 갔을 때 곳곳에 버려진 돌조각과 구석구석에서 오줌 지린내가 진동했었던 생각이 난다. 대부분 유적지에 있는 건물이란 가장 조망이 좋은 지점에 지었을 것인데, 어린이 놀이터가 되었거나 소나 양이 노는 곳으로 변하여 황폐해진 것을 볼 때 마음이 아프다.

이렇게 경제력이 부족한 나라에서 문화재가 파괴되고 있는 현실은 어쩔 수 없다. 또 이런 나라의 박물관을 가면 사진을 못 찍게 하는 경우가 많다. 자신의 문화재를 다른 사람이 모방하고 발전시켜서 사용함을 방지하기 위함인지? 그렇게 자신의 문화에 대한 자신감이 없나 하는 생각이 든다. 남들이 사진을 찍어가서 쉽게 비슷한 것을 만들 수 있거나 더 나은 창작품을 만들 수 있다면 보존의 가치가 없는 시시한 것일 수도 있다는 생각이 든다. 아름답고 유서 깊은 중요한 곳을 내버려 놨다가 돈이 들어간 곳은 못 들어가게 막아 놓았거나 규제를 심하게 하는지 모르겠다. 국민의 세금으로 하였거나 관광객의 수입으로 좋게 개선을 하였으면 사람들에게 혜택을 주어야 할 텐데 말이다.

유럽을 가면 성당이나 교회를 보지 않고는 별로 볼 게 없다고 해도 과언이 아니다. 그곳에는 아름다운 조각과 그림이 많이 있다. 조용한 가운데 묵상을 하는 사람과 관광객들로 항상 붐비지만, 플래시를 터트리지 않는다면 아무리 사진을 찍어도 별로 제재를 받지 않는다.

걸려 있는 그림을 사진을 못 찍게 하는 곳도 간혹 있지만, 제지를 받아 본 적이 별로 없다. 이렇듯 그들은 자신의 만들어 놓은 작품에 대하여 자신감이 넘친다. 그리고 그 아름다움은 예전에 이런 것을 어떻게 만들었을까 하는 시샘과 함께 현대는 이렇게 인력이 많이 들어가는 작품은 만들 수 없을 것이라는 생각이 들 때도 많다.

독일 교회 첨탑 위 전망대

교회의 minaret에 올라가서 조각된 돌을 마음껏 만지고 사진을 찍고, 높은 곳에서 그 도시의 아름다움을 감상하게 해

봤다. 이렇게 마음대로 올라가 보고 구경을 할 수 있게 되어있으니 둘러보다가 피곤하면 몇백 년 되었는지도 모르는 의자에 앉아 쉬기도 하면서 찬찬히 훑어보고 생각에 잠길 수도 있어 좋다. 그래서 항상 관광객이 붐비는지도 모르고, 그곳을 가봤는데 보지 못한 형상을 다른 사람이 보고 온 것을 자랑하면 다시 갈 기회가 주어질 때 입장료를 내고도 반드시 확인하게 되는지도 모른다.

그러니 입장료 수입도 상당하여 계속된 보수를 할 수 있어 건물을 깨끗이 유지하고 있다. 보수하지만 새로이 만들었다는 느낌보다는 고풍스러움이 넘쳐 그 시대의 느낌이 나게 복원해 놓은 것을 보면 감탄이 절로 나온다. 그런 느낌이 나게 복원하는 것이 선진 기술이지 않겠는가? 그리고 원래 그곳을 이용한 귀족이나 왕이 서 있었던 장소에서 우리도 풍광을 감상할 수 있으니 시대를 초월하여 다른 느낌이 들 수 있어 더욱 좋다.

우리의 유적지도 복원과 보존을 통하여 잘 유지되었으면 하는 마음은 모든 사람의 한결같은 마음이겠지만, 복원 후 보존을 너무 열심히 하다 보니 그 전통적인 물건들이 박물관에 있는 호랑이 박제나 신라 금관과 같은 취급을 받고 있다. 현세를 사는 우리가 이용할 수 있는 건물은 이용하는 것을 확대했으면 좋겠다.

일전에 전라도 금산사의 미륵전 안에 있는 미륵보살이 아름답고 거대하여 사진을 찍었다. 그때 미륵전 안에는 관리인 외에는 나밖에 없었는데 관리인이 사진을 찍는다고 야단을 쳤다. '왜 사진을 찍으면 안 되느냐?'고 물으니 '불상에 칠해놓은 금색이 변한다'라고 한다. '사진을 찍는데 금색이 변한다는 말은 처음 듣는다'라고 말하며 결국, 서로 기분 나쁘게 나왔다.

주위에 예불을 드리는 사람이 있어 방해되었다면 사과해야 할 일이다. 설마 예불을 드리는 사람이 있다 치더라도 사진기 셔터 소리가 얼마나 방해가 될까? 그러나 아무도 없는 법당에서 한 행위가 무엇이 잘못되었는지 의문이다. 이 불상의 사진은 인터넷만 뒤지면 곳곳에 널려 있는데 사진을 찍어서 다르게 모작을 만들까 봐 그러는 것이라면 날아가는 뱁새가 웃을 일이며 추운 겨울 그 법당에서 그런 일을 감시하는 관리인이 왜 있는지 모를 일이다. 관심 있는 사람에게 부처에 관해서 설명이나 해주지…. 이렇듯 우리의 현실은 뭔가 불합리하고 문화재의 보존에 대한 자신감이 부족하다.

금산사 미륵전 삼존불

왜 남대문의 누각에 올라가면 안 되는지, 수원성의 팔달문(남문)에서 북쪽에 있는 장안문(북문)을 조망할 수 없는지, 경회루에 올라가서 옛사람을 생각하며 현재의 눈으로 경복궁의 풍광을 돌아보는 기회를 막아놨는지. 이러한 시설은 사람들이 이용하고 느껴야만 진정으로 민족의 문화적 수준이 높아지지 않을까?

관계 기관에 힘을 행사할 수 있는 사람만 갈 수 있는 공간으로 존재하는 것은 국민적인 손실이다. 혹자는 과다한 이용으로 문화재가 훼손되는 것을 걱정할지 모르지만, 합리적으로 이용객을 조절하는 방법은 여러 가지가 있다. 그리고 사용하다 보면 닳고 망가질 것이다. 그러면 보수를 하고, 그래야 보수하는 기술도 발전하고, 수백 년 된 건물을 깨끗하게 지금도 사용할 수 있고, 최근에 보수해도 몇백 년 된 건물처럼 보이게 하는 기술을 가질 수 있지 않겠는가? 또 인간이 만든 구조물이란 인간이 사용하지 않으면 어떻게 된다는 것은 잘 알지 않는가?

최근에 복원된 여러 장소를 가보면 가관인 경우가 많다. 너무 과도하게 해 놓았거나 너무 허술하게 해 놓아 사람이 앉으면 무너질 것 같은 정자와 마루판(그래서 못 올라가게 막아 놓았는지 모르지만), 탱크가 지나가도 될 듯 과도한 포장, 천편일률적인 디자인이거나 뭔가 어색한 안내 간

경회루

판, 조잡하기 그지없는 부속 구조물, 생뚱맞게도 복원한 사람을 기리는 기념비. 이런 것이 전부 우리의 문화를 좀먹는 행위다. 옛 물건은 우리의 선조들이 사용하던 것이다. 원형에 맞을 게 아니면, 현대의 사용자에게 맞게 만들어 사용하면 이런 일은 줄어들 것이다.

한때, 청와대 앞도 못 지나가게 막아 놓은 적이 있었다. 지금도 창덕궁의 안쪽 숲(비원이라 표현해도 될지 모르지만)은 일반인에게 막아 놓은 이유를 모르겠다. 그 당시는 막대한 자금을 들여 복원(?)하였고 국민의 민도도 낮으니 출입을 제한하여 잘 보존하고 싶었을지도 모른다. 하지만 지금은 세상이 바뀌지 않았는가? 한번 막아 놓은 규제는 이토록 풀기가 어렵다. 예전에는 경회루 누각에서 어린이백일장대회를 열기도 했는데, 대대적인 수리를 한 다음부터는 일시적으로 때가 되면 며칠만 경회루에 올라갈 수 있게 개방한다고 하니 이도 일 진보하였다 할 수 있으나 아쉬움이 남는다. 당연히 상시 개방해야 하는 구조물이 되어야 한다. 규제 일변도에 살아온 우리가 언제 아름다운 경관을 감상할 수 있는 장소에 지어진 건물에 올라가 상시 감상할 수 있는 날이 올지. 박제가 되어버린 장소를 일반인이 돌려받는 것이 마땅하지 않을까?

07. 조경진흥법의 시행계획 수립에 대하여

2016. 10.

조경진흥법에는 5개년마다 진흥계획을 수립하여 실천하여야 한다. 그러니 올해에 계획을 수립하여 내년부터 시행하는데 계획에 내용이 들어 있지 않으면 5년 동안은 시행하기가 어렵다. 그래서 첫 5개년도가 매우 중요하다. 여기서 포함한 내용을 5년 동안 실행한다.

원래 법이라는 것은 선언적인 의미가 크다. 그래서 시행령을 만들고 영에 의하여 시행세칙이 필요하다. 이 시행세칙을 실천하기 위한 계획이 필요하다. 조경진흥법은 조경에 관한 단독 법이라는 데서 많은 조경인의 관심을 받아 왔다. 그런데 내용이 공허함에 실망한 분이 많다. 그러나 시행계획을 얼마나 충실히 수립하여 시행하느냐에 따라 법의 운용은 많이 달라지니 시행계획을 잘 수립하여 시행하여야 한다.

'조경진흥법'은 처음에는 '조경산업진흥법'으로 구상되었다는 것은 조경인이라면 거의 알고 있다. 그러나 '산업'이라는 글자가 들어가면 건설산업에서 분리될까 봐 국토부에서 반대하여 산업이라는 글자가 빠진 것도 잘 알고 있는 사실이었다. 그러니 '조경진흥법'은 산업을 어떻게 진흥할 것인가에 관한 법이다. 조경산업을 발전시키기 위해서 진흥법을 어떻게 활용할 계획을 세워야 할까?

우리나라의 제조업이 이렇게 성공하여 세계 굴지의 수출국이 된 것은 정부가 터전을 잘 잡아주었다고 볼 수 있다. 그중에서 싼값에 공장용지를 조성하여 생산할 수 있게 터전을 잡아 준 것이 크게 작용을 하였다. 아이디어가 풍부한 인재들이 우리나라의 기업을 일으킨 것은 그 후의 일이다. 이처럼 초기의 기반을 어떻게 잡아주느냐가 한 산업의 성패를 가르는 중요한 역할을 한다.

만약 헐값에 군산공단, 구미공단, 창원공단 등을 조성해 주지 않고 기업이 알아서 땅을 구매하여 공장을 짓고 물건을 생산하여 수출하라고 했으면 불가능했다고 단언할 수 있다. 공장을 짓기 위해 토지 구매, 형질 변경, 도로개설, 전력 수급, 상하수도 설치 등은 일개 기업이 하기엔 벅찬 일이고, 당시 경제 여건으로 볼 때 단시일 내에 산업을 발전시키기는 어려운 일이다.

그런데 국가가 나서서 공단을 조성하여 이런 일을 해결해주므로 우리의 제조업이 발전했다는 사실은 부인 못 할 것이다. 제조업을 기초로 우리의 경제를 일으키는 데 일조를 해온 건설업도 공단 건설로 자재산업의 뒷받침이 있었기에 가능했다.

조경의 현실은 어떠한가? 조경산업 중에 가장 큰 부분이 시공이다. 조경 시공의 주 자재인 수목 생산은 어떻게 이루어지고 있는가? 조경진흥법에 조경진흥단지를 조성할 수 있게 되어있으나 진흥단지를 어떠한 방향으로 어떻게 조성할 것인지에 대하여 아이디어는 있는지? 조경인이 아이디어가 없다면 누가 챙겨 주겠는가?

그러니 조경진흥단지 조성에 관한 조항은 있으나 마나 한 조항이 되고 있다. 조경시설물을 제작하는 단지는 제조업의 성격을 가지므로 공단조성에 관한 법으로도 가능하다. 조경 수목생산을 위한 단지 조성법이 조경진흥단지 조성에 관한 조항이다. 이 조항을 잘 이용해 하위의 규정을 정리해야 조경 식재산업이 살 수 있는 길이라 생각한다.

현재 조경수 생산은 산지나 농지를 가진 그 지역의 주민이 나무를 심어 조경수를 공급하는 system으로 되어있다. 자연히 그 지역 주민이 하는 일이니 법보다는 관행이 우선이고 그냥 나무를 산지에 심고 캐도 아무런 문제가 없다. 그러나 산업으로서 어떤 사업체가 어떤 지역에 들어가서 조경수 생산을 한다면 이야기가 달라진다.

제약과 경비가 보통이 아니다. 가장 무서운 제약이 산림법이다. 그 법을 지키면서 수목을 생산한다는 것은 생산 단가를 맞출 수 없으므로 조경수목을 키우지 말라는 것과 같다. 큰 자본으로 계획적으로 수목을 생산하는 것이 원가가 더 먹힌다는 사실은 산업이 될 수 없다는 논리와 같다.

'조경수가 규격화가 되지 않는다. 계약 생산이 어떻다. 조경수 생산의 통계가 잡히지 않는다. 포트(박스) 생산이 되어야 한다. 조경수 유통구조를 혁신해야 한다.' 등의 이야기는 아무리 해봐야 이러한 관행이 고쳐지지 않는다면 될 수 없는 일이다.

조경수 생산이 산업으로 성장 못 할 이유가 뭐란 말인가? 지방에서 나무를 키우는 영세생산업에 타격을 주니 그대로 두어야 하는가? 조경진흥법에 진흥단지를 조성할 수 있게 되어있는데 우리는 이 조항을 왜 활용하지 않는가? 조경식재공사의 규모가 2조 원이 넘는다고 할 때,

조경수가 차지하는 비중을 50% 정도만 치더라도 1조 원 이상의 시장이 되는데 이렇게 원칙이 없고, 계획적이지 않은 생산 체제로 내버려 둬야 한다는 말인가?

만약 경기도의 ○○군에서 30만m^2 정도의 땅을 조경진흥단지로 내놓았다고 가정하자. 그 땅에 나무 심기를 위한 진흥단지 조성을 시작한다고 하면, 우선 도로를 개설해야 하고 상하수도, 전기를 끌어다 주어야 할 것이다. 그리고 10,000m^2씩 나누어 조성원가로 조경식재지 또는 조경 진흥을 위한 부대시설 용지로 분양한다면 분양이 잘 되지 않을까?

지방자치단체는 업체를 유치하여 고용이 늘고, 세수(稅收)가 늘어나서 좋다. 생산업체는 싼 땅을 공급받았으니 양질의 나무를 싼값에 생산할 수 있어서 좋다. 시공업체는 나무를 구하러 전국을 헤매는 일이 줄고, 싼값에 나무를 구하니 공사 단가가 낮아져 국민에게 혜택이 간다.

여러 단체가 모여 생산하니 여러 가지 협동작업을 하기도 편하다. 정부는 수목 생산의 통계가 잡히니 좋다. 우리나라의 산지를 훼손하지 않고 조경수 생산을 하니 국토의 활용도를 높이는 데 좋다. 그 외도 많은 장점이 있다. 서로에게 좋은데 안 할 이유가 뭐란 말인가? 중요한 것은 조경인들이 수목 생산에는 관심이 적다는 것이 문제다.

조경 진흥계획수립이 2016년 12월 말이면 세워진다. 조경업이 진정으로 산업으로 발전하고 조경수 생산이 자재 생산으로 대접받기 위해서 우리 조경인들이 관심을 두고 의견을 내야 할 때인 것 같다.

08. 우리가 등한시 해왔던 일들

한국조경신문. 2020. 6. 8.

조경공사를 오랫동안 하면서 중요하지만 아쉬운 점을 되짚어 보면서 참고하여 조경업이 앞으로 더욱 발전하였으면 한다.

조경은 시공을 통하여 구현하지 않으면 아무리 잘 그린 도면이라도 의미는 퇴색한다. 공사로 공간을 완성해야 효과를 발휘하고 많은 사람이 그 결과를 누린다. 시공하기 위하여 필연적으로 큰 비용이 필요한데, 시공비는 조경식재공사만 예로 들면 총 공사비 대비 수목이 60~65%, 인건비가 15~20%, 장비비가 5% 내외, 경비가 10~20% 정도이다. 여기서 주요항목에 해당하는 수목, 기능인력, 장비 및 기타에 대하여 부족하다고 생각되는 점을 이야기하고자 한다.

식재 공사의 주 자재가 되는 수목의 비중이 50%가 넘는데 그동안 조경가들은 조경수의 생산에 대하여 약간은 등한시하지 않았나 생각한다. 조경수를 키우는 조경수협회는 삼림청 소속의 단체로 활동하면서 산림청과 긴밀한 관계를 맺고 있는데, 정작 조경의 주요 단체와의 교류는 별로 보지 못했다.

소위 말하는 조경의 주요 6개 단체에도 속하지 못하고 조경 여러 단체의 총회에서도 초청하는 것을 별로 보지 못했다. 그러니 당연히 소원하여 조경수 생산, 수종 개발, 품질 개선 등의 논의도 활발히 이루어지지 않고 있다.

또 몇 년 전 조경진흥법이 통과되어 조경진흥단지의 조성을 위한 발판이 마련되었지만, 정작 조경수를 재배하는 사람들의 의견을 청취하는 예는 별로 없었다. 조경수 생산자들과 면밀한 유대와 소통이야말로 조경식재공사의 발전에 관건이 될 것이다. 현재 조경을 전공한 사람들이 먼저 다가가야 한다.

특히 조경 관련 단체장들이 교류하는 노력이 필요하다. 너무나 오랫동안 대화가 없었으므로 물꼬를 트는 데 큰 노력과 시간이 들 것이다. 그러나 서로의 진심을 이야기하고 서로의 발전을 위하여 허심탄회하게 한발 한발 다가서야 할 것이다.

그다음에 많은 비용이 들어가는 것은 인건비인데 조경기능공이 노쇠하여 업계에서는 큰일이라는 이야기는 많이 해도 누구 하나 이런 해결책이 있으니 시행하자는 사람은 별로 없다. 높은 기능성을 가진 사람들은 하나둘 은퇴하여 손끝에서 나오는 기술의 전수는 날로 사라져가고 무거운 물건을 옮기는데 사용하는 방법인 목도를 하는 조경인은 거의 없다.

사족으로 이야기하자면 예전에 철도 침목을 나를 때 철도기능인과 조경기능인들이 누가 더 목도를 잘하느냐 내기도 하였다는 이야기, 경복궁 근정전을 복원할 때 조선의 내로라하는 목도꾼 300여 명이 모여 근정전 기둥을 목도로 져다 날랐다는 이야기 등은 예전의 전설이 된

지가 오래고, 관목을 군식 하는데 어떤 관목이 주어지더라도 군식을 하고 나면 전정을 할 필요가 없는 군식을 하는 기능인들의 이야기를 들으면 거짓말같이 까마득한 옛이야기로 와 닫는다.

현재 일각에서 조경기능올림픽 예선을 개최하여 기능인력을 자체로 조달하고, 조경기능인 육성 시스템을 재건하고 확충하자는 움직임은 아주 고무적이다. 하지만 이미 국민소득이 3만 달러가 된 지금 고된 육체노동을 하려는 자는 많지 않다.

그렇다고 무한정으로 인건비를 많이 줄 수도 없다. 모든 선진국의 고뇌가 그러하듯 우리도 조경기능공의 상당 부분을 외국 근로자에 의존하고 있는 현실에서 합법적이고 정식 절차에 의한 조경기능인을 수입하는 것을 고려해야 한다.

상선이나 고기잡이 어선은 상당히 오래전부터 매년 일정량의 인원을 정식으로 들어오게 하여 인력을 보충하고 있는 것으로 안다. 개별적으로 늙어가는 기능인 문제를 고민할 것이 아니라 조경업계 차원에서 힘든 일을 할 사람을 확보하는 방안을 찾는 것이 시공업계의 큰 숙제이다.

인원이 부족하고 힘든 일을 피하다 보니 장비의 역할이 날로 많아지고 있다. 나날이 장비비가 공사비에 차지하는 비중이 높아지는데 조경에 적합한 장비의 발전은 유독 우리나라에서 더디게 발전하는 것 같아 안타깝다. 대단위 토목공사에 적합한 장비는 조경공사에 적합하지 않은 경우가 많다.

조금만 개선하면 효율을 극대화할 수 있는 장비가 외국의 경우에는 많이 볼 수 있는데 우리는 유독 무관심해 왔던 것이 현실이다. 볏짚을 감는 기계, 농업용 트랙터 등은 한국의 농업에 맞게 많은 발전을 해 왔는데 나무를 심는 기계 및 굴취 기계, 수목을 다루는 기계, 조경공사가 끝난 현장의 나무에 농약을 살포하는 기계(과수원에 농약을 뿌리는 기계를 사용해 보니 농약의 손실이 너무 많은 것이 현실이다.) 물 주기를 유효 적절히 할 수 있는 장치 등 아쉬운 것이 한둘이 아니다.

조경 공사가 1년에 4조 원 정도의 금액이라면 조경업계에서 사용하는 장비 구매비는 2천억 원 정도 지출하는 셈이다. 이 정도 금액이 장비업계는 별로 크지 않을 수도 있지만, 조경 설계에 지출하는 비용과 비슷할 정도로 조경업에서는 큰 금액이다. 그래서 조경용 장비의 개발을 위하여 조경용으로 맞는 장비에 관해 설명하고 그들에게 협조를 구해야 한다.

또 이 정도 금액이면 충분히 틈새 시장으로 성장할 수 있는 금액이다. 모든 조경 학술대회에서 장비 설명회, 조경대전에는 반드시 신형 장비 전시 부스를 마련하여 장비업체가 우리와 함께할 때 조경공사의 발전이 동반될 것이다.

마지막으로 경비 절약은 위에 이야기한 것과 아울러 제도 개선이 가장 중요하다. 설계에서 공사발주, 시공, 유지관리까지 기계화, 자동화 및 제도화가 되도록 해야 절약과 품질의 향상이 이루어질 수 있다. 매년 시공 후 무수히 죽어 나가는 수목들. 누구는 나무를 죽이고 싶었겠는가마는 이러한 반복되는 문제를 조금이라도 해결하려면 설계에서 관수를 고려하지 않으면 공염불이 되고 만다. 관수나 농약이나 비료를 주더라도 경비가 많이 들어가면 실행하기 힘들다. 조경수는 으레 심으면 몇 %의 하자는 나는데 왜 하자가 나는 지는 공사를 한 사람이면 잘 안다. 설계에서 빠지면 이후에 보완하기란 하늘의 별 따기라는 사실을 모두 다 잘 알고 있다. 그냥 유지관리비만 잡아서는 이 문제를 해결하기란 힘들다.

규정에 따라 체계적으로 방법을 만들고 아무리 비숙련인이라도(관리업체의 그 누구라도) 매뉴얼에 의해 따르기만 하면 되게끔 해 놓으면 경비부분에서 많은 개선을 이룰 수 있다.

우리나라는 자고로 금수강산이라고 칭하면서 너무 풍광이 좋은 곳이 많아서인지 오래된 수목을 보호하는데 너무 무심하다. 개발이 정해지면 나무의 보존은 중요한 과제가 아니고 항상 뒤로 밀리는 것을 느낀다.

프랑스에서는 세잔이 그린 소나무를 보존하기 위해 고속도로의 노선도 바꾸었다지 않는가? 잠실아파트 단지의 아름답던 벚나무, 한국전력 앞에 조성되어 있던 훌륭한 경관을 자랑하던 소나무들은 개발과 동시에 하루아침에 사라진다.

왜 우리는 유럽에서 보던 몇백년 된 숲을 가지지 못했는가? 우리는 왜 훌륭한 조경지를 가지고 있지 않은가? 기껏 양산보가 조성한 소쇄원을 보면서 '손대지 않는 것이 아름답다, 자연스러움이 우리의 오천년 아름다움이자 우리의 정서이다.'라고 자위만 해야하는가?

글쎄다. 조경이란 무엇인가? 뜻 그대로 자연스러운 것이 아니라 경관을 만드는 것이다(물론 많은 조경인들은 이 견해에 찬성하지 않을 수 있다). 만들지 않고 어떻게, 보존하지 않고 어떻게, 사람이 복작거리는 이 좁은 국토에서 좋은 풍광이, 환경이 보존되기를 바라겠는가?

효율적으로 조경을 조성하기 위하여 조경수를 생산하는 사람, 조경 기능을 가지고 실현하는 분들, 장비로 조경을 만들어 가는 기술자들, 제도를 정비하는 분들이 함께 할 때 조경의 진보는 있으리라 생각된다.

09. 청계천 주변을 어떻게 해야 할지

2008. 9. 9.

청계천 발전 방향을 세 부분으로 나누어 생각해 보았다. 1구간은 지금 청계천이 시작하는 광교에서 동대문 구간이고, 2구간은 동대문 쪽에서 신답동 차량기지까지이고, 3구간에 해당하는 곳은 하류에 해당하는 구간으로 차량기지에서부터 서울숲과 중랑천이 만나는 구간이다.

1구간은 도심 구간으로 인간의 시설물 이용이 극대화한 지역이고, 2구간은 도심 외곽지역으로 천의 변이 넓고 약간은 자연스러운 하천의 형태가 만들어질 수 있는 구간이며, 3구간은 하류로 하천이 넓고 아주 조방적이고 자연생태계라는 것을 느낄 수 있고 계절과 강우 등에 따라 변화를 생각 볼 수 있는 공간이다.

1구간

도심지 구간으로 통행인과 이용객이 빈번한 구역이다. 그리고 하천

청계천이 시작되는 구간

의 폭이 좁고 주변에는 여러 상업 시설이 밀집하여 번잡하고 도로의 폭도 좁아 차량이 일방통행을 하고 있고 항상 번잡하게 차량과 사람의 이동이 많은 구간이다.

이토록 통행이 잦고 집약적으로 이용되고 있으므로 정적인 시설과 동적인 요소를 동시에 만족시키고 이용에 빈틈이 없는 공간 조성이 중요하다. 즉 다양한 볼거리와 즐길 수 있는 공간으로 조성되어야 하며 시민들의 학습장으로써의 역할도 중요하고, 휴식의 시설 등도 들어가야 할 것이다. 그리고 문화를 체험할 수 있고 산책과 물놀이 등 유희 공간 및 간단한 레크레이션 공간을 확충해야 할 것이다.

이곳의 청계천 위 주변의 상가는 지금 점차 변모하여 정비되고 있다.

상인들의 자발적인 정비와 변화 유도도 중요하지만 주제(theme)나 목표를 가지고 정비, 변화시키는 것도 또한 무분별하고 난잡한 개발을 방지하는 하나의 방법이라 생각한다. 이러한 계획을 가지고 개발한 거리와 그렇지 않은 거리의 차이란 시간이 흐를수록 더욱 지역 가치에서 차이가 크게 나는 것을 우리는 외국의 사례에서 많이 볼 수 있다.

지금 이러한 계획을 세우지 않으면 개발 진행이 많이 이루어진 후에는 수많은 노력과 자금을 들여도 별로 효과가 나지 않는 것 또한 사실이다. 하천 주변 도심지를 정비할 때 지향하는바 즉, 목표를 정할 때는 매우 신중해야 하며 공무원이나 몇몇의 결정이 중요한 것이 아니라 학계, 관계, 지역주민 등 많은 사람의 의견을 수렴한 후 정해야 할 것이다.

현재 도로에서는 계단에 의하여 청계천 변으로 접근하게 되어있는데 더 친화적인 접근 방법이 없는지 고려해 보는 것도 생각해 볼 수 있겠다. 이용료가 많이 드는 엘리베이터 설치보다는 아예 종로나 을지로에서부터 지하 통로를 통하여 장애인도 쉽게 접근하는 방법을 만든다든지하는 구상도 장기계획을 세우고 생각해 볼 수 있다. 그리고 주변의 건물을 재개발할 때 건물의 지하에서 바로 하천으로 통할 방법도 구상해 볼 수도 있겠다. 단조로운 청계천의 접근을 다각화하고 입체화하는 것이 더욱 활용도도 높이고 볼거리를 제공할 것이다.

이 도심지 구간은 좁으므로 천의 주변이 화강석의 옹벽으로 되어있는 구간이 대부분인데 이 벽면을 어떻게 할 것인지도 숙제로 남을 일이다. 잘못 손을 대면 조악하여 몇 년마다 다시 개조해야 할 일이 발생할 것이다. 돌이란 세월이 흐르면 그 연륜만큼 무게가 우러나는 법이지만, 좋은 디자인을 통하여 이 단조한 벽면에 좀 더 변화를 주어 이야깃거리가 있고 역동적인 공간으로 재탄생시켰으면 한다.

즉, 시간이 지나면 이 벽체가 역사적으로 고풍스러움이 우러나면서 21세기에 조성한 시대상에 걸맞은 벽면으로 탄생하는 아이디어가 제공되었으면 한다. 또한, 현재 다리 밑에서 여름철 더위를 식히는 사람들도 많은데 그냥 콘크리트가 노출된 곳도 많다. 주위의 환경과 부조화를 이루는 콘크리트 면도 어떠한 형태로든 장식을 하면 투자한 경비에 비하여 나은 경관이 연출되리라 확신한다.

수변은 여러 인공구조물을 설치했으며 좁게나마 식생이 심어져 자라고 있다. 이 식물은 우리가 인공구조물 사이에 좁게 설치한 식재 지역에 대한 경험치가 부족한 상태에서 심어진 식물이다. 물론 무수한 식물학자와 조경가들의 조언을 받아 심었지만, 지금 여러 가지 문제점이 드러나고 있다. 과도한 생육을 보이는 식물이 있는가 하면 거의 멸종 직전의 식물도 있다.

이 지역은 자연계의 생태적 현상으로 놔두면 안되는 지역이다. 심어진 식물들이 지속하여 성장하고 경관의 아름다움을 유지하기 위해서는 많은 연구와 모니터링이 뒤따라야 할 것이다. 그리고 지속적으로 생육, 번성할 수종을 구분하고 구간과 도심의 아름다움을 위하여 계절마다 다른 식물로써 장식해야 할 구간을 구분하여 가꾸어야 할 것이다. 화려하고 아름다운 식물일수록 한 번 심고 가꾼다고 해서 아름답게 유지되는 것이 아니기 때문이다.

이 구역은 지속적인 관리가 필요하고 이용객이 많은 만큼 예산을 세워 가꾸어야 할 서울 도심의 명소로 계속 유지되어야 한다.

2구간

이 구역은 1구역과 3구역의 요소가 공존하는 완충지대로 볼 수 있다. 상류로 갈수록 1구역에서 필요한 요소를 많이 요구하고 하류로 내려올수록 자연적인 요소를 많이 요구한다. 인공적인 요소에서 자연적인 요소로 자연스럽게 변화할 수 있게 만든다는 것은 많은 기술적인 실력이 필요하다. 사용하는 소재, 관리하는 방법 등에서도 다르므로 여기에 적합한 관리 능력을 갖추어야 할 것이다. 급작스러운 구간의 변화를 보이는 것은 기술력과 디자인의 부재로 밖에 볼 수 없다.

2구간

이 공간은 인공적인 하천의 복원, 개조에서 자연스러운 하천의 복원으로 변화되는 시작점이다. 사람이 이용하는 가운데 인공적인 냄새를 줄이고 이용자가 하천이 가지는 본래의 아름다움을 느낄 수 있는 공간으로 만들어져야 한다. 이용하더라도 하천이 가지는 본질을 유지할 수 있는 시설설치와 식생 식재와 더불어 지속적인 관리를 요구받는 구간이다.

3구간

이 지역은 사람이 많이 이용하는 지역은 아니다. 그러므로 사람의 접근이나 이용을 생각하기 전에 하천이 가지고 있는 본래의 성격을 유지하고 생태적 특성이 잘 발휘될 수 있게 만드는 공간으로 거듭 태어나야 할 구역이다.

도심을 거쳐 흘러온 물이 어떠한 형태로 물길을 만들고 토사는 어디에 쌓고 어디는 세굴이 되며 어떤 씨앗이 날아와 정착하여 어떠한 식생의 형태로 천이해 나가는지를 관찰하며 서울이 지향하는 방향에 극도로 저해하지 않는 한, 천이가 되도록 두고 지켜봐야 할 지역이다.

만약 서울의 기능에 막대한 지장(홍수 등)이 주어진다면 우리의 과학능력을 최소한 투자하여 바람직한 방향으로 만들어나가고 지켜봐야 할 것이다. 그러면 이곳에서는 어떠한 방향으로 변화해 나갈지 모르지만, 그 나름대로 동물의 군집도 생기고, 먹이 사슬의 피라미드도 생길 것이다. 상당한 시간을 가지고 조성하며 인내를 가지고 복원해야 할 구간이다. 어설프게 인공적인 식재와 하천의 물길을 규정함므로써 범

할 수 있는 오류를 최소화해야 할 구간이다.

이 구간은 조방적이며 친환경적이고 조그만 도심 강가의 생태계를 관찰할 수 있게 조성해야 할 것이다. 이렇게 했을 때 우리는 이곳을 학습의 장으로 이용할 수 있고 또 다른 지역의 하천 복원 모델을 제시할 수도 있다. 중부지역의 강변에 서식하는 식물과 동물에 관한 연구도 가능할 것이다. 큰 하천인 한강이나 낙동강이 아니라 도심에 있지만, 인공적인 요소가 극도로 배제된 소하천에서 다양한 변화를 관찰하고 연구하는 것이야말로 인구 밀도가 높고 소하천이 많은 우리나라에서 아주 중요한 연구이며 꼭 필요하다.

특히 이곳은 중랑천과도 만나는 지점이므로 수리적인 면에서도 관찰을 필요로 하는 지점이고, 조금 더 흘러가면 한강과도 연계되며 앞에는 서울숲이라는 공원 녹지대도 조성되어 있다. 서울 도심의 물길이 모이고 주위는 여러 건물로 둘러싸여 있지만, 주변에 녹지가 풍부하면서 평지인 곳은 서울에서 찾아보기 힘든 지형이다. 이러한 곳에서 여름철 우기에 비가 집중적으로 오는 우리나라에서 지역의 수계 변화와 그것에 따른 형질의 바뀜, 동식물 변화상을 관찰하는 것 또한 연구가치가 크다고 생각한다.

예전에 서울숲 부근 한강 변(중랑천과 만나는 부근)에 고라니가 한 마리 출몰한 적이 있었다. 서울숲에 키우는 사슴이 탈출한 줄 알고 대소동이 일어났지만, 야생으로 밝혀졌다. 서울숲이 번성하기도 전에 이러한 야생 동물이 출현하는데 이곳을 잘 복원하여 보존하면 생태적으로 여러 동물상이 모일 수 있는 가치 있는 곳으로 조성할 수 있을 것이다.

이 구간을 이렇게 보존하기 위해서는 사람이 아무 곳이나 들어갈 수

하류구간

있게 계획해서는 안 될 것이다. 최소한의 접근성만 보장되는 계획을 세워야 할 것이다. 이용객을 제한하기는 힘드니 야생 식물이나 동물에게 최소한의 피해를 줄 보행로, 휴게시설, 관찰시설 등을 설치해야 할 것이다. 그러면 서울지역 강변에 있는 생물상이 자연히 복원되어 예로부터 있는 정선의 그림에 나오는 아름다운 한반도의 소하천 풍광을 조금이나마 연출할 수 있을 것이다. 물론, 그냥 두어서는 성과를 보기 힘들다. 이 또한 계획을 세우고 진행해야 할 것이다. 청계천의 상류 지점처럼 일시에 토목공사를 하듯 이루어져서는 안 되며 장기적인 계획을 세우고 시행해야 할 사업인 것이다.

상기 목적을 제대로 달성하기 위해서 이용자의 의식교육도 매우 중요하며 관리자의 끊임없는 프로그램개발, 유지관리능력 배양, 시대정

신에 맞게 변화할 수 있는 자세 등 많은 것을 요구한다. 현재의 청계천 복원이 최선의 복원이 아니라는 것은 많은 전문가가 인정하고 있다. 그러나 도로로 사용될 때보다 더 나아졌다는 점에 모두 공감하고 있다. 어쩌면 청계천의 기형적인 복원이, 도심 하천의 복원 시초이다. 우리가 느끼는 문제점을 보완하고 나은 점을 앞으로 더 많이 발전시켜 훌륭한 결과를 가져다줄 초석이 된 셈이다.

문제점이 좀 있다고 다시 뜯어고치는 것은 더욱 잘못된 일이다. 정말 잘못된 곳은 고쳐야겠지만, 상당한 기간의 모니터링을 통하여 결론이 났을 때 시행해야 할 것이다. 지금 당장 수정하는 일은 최소화해야 할 것이다. 전문가의 각 분야에 맞는 모니터링을 통한 자료 축적과 분석이야말로 1,000만 서울시민이 자랑으로 여기는 청계천 복원에 더욱 많은 해결점을 줄 것이다.

너무 빨리 급조된 청계천의 복원은 오늘 우리에게 시사해 주는 바가 크다. 너무 급작스레 만들었다고 해서 반드시 잘못된 것은 아니지만, 고려하지 못한 많은 사항이 내포된 것 또한 부인할 수 없는 사실이다. 이러한 문제점들을 너무 빨리 고치려는 것 또한 위험한 생각이며 이미 상당한 기간이 지난 지금 다시 처음부터 차근차근 챙기면 많은 개선점이 나오리라 생각한다.

복원된 청계천을 지속적으로 시민의 사랑을 받는 공간으로 유지하는데 어떻게 하면 적은 비용으로 관리할 수 있는지에 대한 끊임없는 연구를 기대한다. 유지 방향은 서울의 이미지와 청계천이 가지는 역사성, 지역성, 문화적인 것, 시대성 그리고 앞으로 계속 세상이 변하여도 지속적으로 발전, 개선할 수 있는 형태가 되어야 한다.

10. 조경 시공과 도면

2015. 10.

예전 이야기를 할까 한다. 지금의 젊은 조경가들이 들으면 무슨 이야기인지 잘 이해가 가지 않겠지만 우리도 이런 시절이 있었다.

건설현장에 대한 정비가 잘 되어 있지 않은 시절에는 무엇이든 허술하기 마련이다. 1970년대와 80년대 초까지는 아파트 시공현장에서 조경도면은 참고 사항이었다. 도면에 수목의 표시가 불분명하니 물량 표가 매우 중요했다.

예를 들어 민간의 아파트에서는 단풍나무 R8이 60주 설계되어 있다면 도면에 어떻게 표시되어 있든지 그만큼의 수량을 단지 내에 식재하면 그만이었다. 왜냐하면, 설계 도면상에 설계된 대로 나무를 심으려고 현장을 가보면 그곳은 영락없이 맨홀이 있거나 전기 배전판이 설치되어 그 나무를 표시된 장소에 심을 수가 없는 경우가 허다하였다.

심하면 도면에는 있는 녹지가 없는 경우도 제법 있었다. 당연히 건축, 토목, 전기나 설비의 힘이 조경보다 영향력이 센(?) 시절의 이야기니 조경하는 사람은 나무를 심을 다른 장소를 찾아야만 했다.

그리고 업체가 영세해서인지, 인식이 부족해서인지는 모르지만 그렇게 자기 마음대로 식재를 하고도 준공도면을 따로 그리지 않는 것은 다반사였다. 마찬가지로 준공도면을 어떻게 제출할 것에 관한 규정은 있었지만, 준공검사를 나오는 지방자치단체의 담당도 도면을 정확하게 준비하였는지는 크게 문제 삼지 않고, 나무 수량이 부족하지 않게 단지 내에 있으면 문제를 삼지 않았다.

그러니 공무원이 준공검사를 나오면 숫자를 세는 기계(계수기)를 들고나오는 것은 필수였다. 도면은 믿을 수 없으니 대표적인 수종을 단지 전체를 돌아보면서 숫자가 맞는지 세야 했다. 또 공동의 자산에 대해서 무관심한 입주민들은 무슨 나무가 어떻게 심겨 있는지 관심이 있는 사람들도 별로 없었다.

하자에 대한 개념도 별로 없었고, 자신이 사는 집에 문제만 없으면 외부환경이 어떻게 되었든 크게 개의치 않았다. 조경지역에 텃밭을 만들기 위해 나무를 뽑아버리거나 잔디를 훼손하는 일은 다반사였다. 주차장이 부족하니 준공만 나면 녹지공간을 없애는 일이 비일비재하다 보니 조경 하자가 어찌 중요했겠는가?

그런데 신도시 사업이 시작되면서 아파트가 고급화하기 시작했다. 조경식재에도 변화가 오기 시작했다. 조경공사의 준공을 받기 위해서 심는 수량 채우기가 아니라 준공도면도 그려야 했다. 또 외부공간이 중요한 요소가 되기 시작하여 '어느 아파트는 조경이 잘 되어서 매매가가 얼마 더 비싸다.'더라 하는 이야기가 나오기 시작했다. 필자가 경험한 바에 의하면 도면대로 심지 않은 나무가 그 위치에 없으면 따지는 주민이 생겼고, 하자로 들여온 수목이 원래 수목보다 규격이 부족하면 문제로 삼기 시작하였다.

이에 시공업체도 준공도면이라는 것을 제대로 그리지 않을 수 없게 되었다. 트레싱 종이에 위치가 바뀐 수종의 동그라미를 칼로 긁어내고 다시 그려 넣고 청사진을 3부 이상 만들어 16절지의 크기로 잘 접어서 준공도면을 납품해야 했다. 수목의 하자 원인을 분석하여 대처를 잘못하면 하자 때문에 회사가 망하겠다는 푸념이 나오기 시작했다.

그래도 그때는 낭만이 있는 엄살이었고 아픔이었다. 어떻게 나무를 식재하여야 공간이 아름답게 나올까 고민하면서 나무를 배치하고 있으면, '조경을 잘한다고 상을 주냐? 준공서류만 빨리 받아오란 말이야.'라고 공기(工期)도 모자라게 장소를 내주며 볶아대던 소장들의 얼굴이 선하다. 잔디를 심지도 않았는데 며칠 후면 끝난다고 사정하면서 준공서류에 도장을 찍어 줄 것을 간청해보지 않은 시공자는 별로 없었을 것이다.

많은 식재 전문회사 사장들은 푸념했었다. 봉급만 축내는(?) 설계하는 직원을 가져야 한다는 현실에 '조경과를 졸업하는 학생들이 너무 많아. 이들의 직업 보장 때문에 안 하던 일을 우리가 해야 하니 말이야.'라고. 하지만 이런 일은 당연히 해야 하는 일이고 이제야 공사현장이 제대로 돌아가고 있는 첫 단추가 끼워졌다는 현실이 예전의 구습(舊習)에 젖어 있는 사람들에게는 불평 그 자체였다.

'우리에게 맡겨 놓으면 도면에 표시된 것보다 더 좋은 장소에 더 아름답게 심을 자신이 있는데 왜 도면이 필요한지 모르겠다. 도면을 그리는 사람들은 현장도 모르면서 도면을 그리니 그 수준이 그림이지 도면이냐!' 하였다.

그 시절에는 춥고 못살지만 무한한 기술을 가진 기능인들이 대기하고 있었고, 도면 없이도 부잣집에서 정원을 주인의 마음에 흡족하게 공간을 만지던 일꾼들이 즐비했다. 그들은 배움이 부족했을 뿐이지 책으로만 배운 조경기사보다 좁은 공간을 연출하는 능력은 훨씬 나은 경우가 많았다.

해방 이후 1980년대까지 100만 가구의 집도 지어보지 못한 나라에서 1990년 초에 단시일 내 100만 가구를 건설하니 자재는 물론 기능인력이 부족한 것은 자명한 사실이었다.

형틀목공은 내장목공으로 흡수되어 망치만 쥐면 목수행세를 하고, 전정가위만 쥐면 조경 기능공 행세를 할 수 있는 세대가 도래한 지를 깨닫지 못한 혼란기에 있었던 이야기다. 또 생활 수준이 나아지니 3D업에 속하는 조경 기능인력에 새로운 인력의 유입은 거의 이루어지지 않아 기능도는 떨어져 기준과 원칙에 맞게 시공하지 않으면 안 되는 시대가 온 것이다.

현재, 도면에 의한 식재는 기본이다. 수목이 무거우면 인력으로(목도로) 나무를 운반하려고 시도하는 사람도 없다. 들어온 수목이 규격은 빠지지만, 수형이 좋으니 심어도 좋다고 허락하는 감독도 거의 없어졌다. 도면대로, 규정에 따른 시공이 되어가는 것이다.

문제가 있으면 기록으로 남기고 나중에 정말 문제가 되면 책임소재를 가려 하자를 면책받거나 돈을 받고 재시공하거나 하는 세상이 되었다. 정말 합리적인(?) 방향으로 발전하고 있다.

이상과 같이 흘러온 사실을 기록으로 남겨 후대의 조경인들이 이런 때도 있었다는 것을 조경 시공의 발전을 되짚어 볼 때 참고로 했으면 한다.

11. 가로수 가지치기

2015. 11.

서울 시내를 돌아다니면 특히 봄철의 버즘나무는 몇 년 동안 자란 가지가 잘려져 나가는 것을 종종 볼 수 있다. 그 가지를 치는 곳은 크게 2곳에서 공사를 발주하는데 한 곳은 구청이고, 하나는 전력공사이다. 구청은 매년 관내에 산재한 가로수의 숫자 중 얼마를 처리할 것인지, 계획을 세워 단장(?)하기 위한 가로수 가지치기를 하고, 전력공사 측에서는 전선에 닿는 가지를 위험방지 차원(지장물)에서 자른다.

나뭇가지가 전선에 걸려서 가지를 자르는 것은 현실적으로 어쩔 수 없는 일이다. 모든 전선을 지하로 매설하면 가로의 경관은 훨씬 깨끗해질 것이고, 가로수도 제대로 위용을 발휘하면서 가로변을 걸어 다니는 사람들에게 녹음도 제공하고, 도시 미관상 아름다움도 줄 수 있겠지만, 공사비 등 기타 여러 문제로 전봇대를 세워 여러 가지 전선이 엉켜 머리 위로 지나가고 있다. 그 전선은 생활과도 밀접하니 이런 시설물을 우선하는 것이 당연한 현실이다.

그러나 구청에서 나뭇가지를 왜 자르는지는 아는 사람이 별로 없다.

나무의 아름다움을 유지하기 위하여? 좁은 공간에 나무가 서 있으니 상부의 가지가 너무 무성하면 생육의 평형이 맞지 않아서 나무가 고사할지 모르기 때문에? 우리나라는 태풍이 많이 오기 때문에 나무의 가지가 많으면 태풍에 넘어질지 모르니까 예방적 차원에서? 간판을 가린다는 민원 때문에? 등등. 아니면 예산이 예전부터 책정되어 있어서, 남아도는 예산을 쓰기 위해서…. 후자의 이유는 아닐 것이다.

느티나무는 특별한 경우가 아니면 자르지 않는다. 은행나무도 좀처럼 자르지 않지만, 그래도 자르는 경우가 많다. 버즘나무는 몽둥이처럼 자르지 않으면 나무가 죽기라도 하는 양 기를 쓰고 자른다. 몇 년 자

한 여름에 자른 플라타너스

라서 나무의 수형이 어느 정도 잡혀갈 양 싶으면, 언제 그 나무가 그곳에서 무성한 가지를 피웠느냐 싶게 몽둥이를 만든다.

그러면서 아름드리로 커서 여름에는 시원한 그늘과 가을에는 아름다운 단풍을 주는 조치원에서 청주로 들어가는 초입의 전정을 거의 하지 않은 버즘나무의 아름다움을 칭송한다. 가로수는 저렇게 되어야 한다고….

수원에 있는 서울농대를 가보면 신관이라는 건물 뒤편에 심은 후, 한 번도 전정하지 않은 플라타너스가 한 그루 있다. 정말 아름다움 그 자체이다. 크게 자라는 교목이란 모름지기 이러한 자태로 자라야 한다는 교과서적인 형태를 보여 주기나 하듯 곧게 올라간 줄기 그리고 적당하게 펼쳐진 가지들….

전정하지 않은 플라타너스

버즘나무의 아름다움이 제대로 살아있는 나무가 그곳에 있다. 우리는 상부가 뭉텅하게 잘린 버즘나무만 보다 보니 버즘나무는 수피도 이름 그대로 버짐이 올라온 것같이 흉하고 형태도 꼴불견이겠거니 하는 편견을 가진 경우가 많다.

왜 우리는 플라타너스 가로수를 보면 잘라야 할까? 전선에 걸리는 나무라도 해마다 반복하여, 아름다움과는 동떨어지게, 가로수의 몰골이 그곳에 있으므로 더욱 경관을 해치는 형국으로 만들어야 할까? 가로수의 주목적이 보행자의 편의를 위하고, 환경이나 미적인 기능에 조금이라도 충실하려면 가지치기에 대한 제고를 왜 하지 않는 것일까?

가로수 가지치기는 이렇게 하는 것이라며 고건 씨가 시장일 때 녹지과 공무원들을 모아 놓고 강연까지 한 적이 있었다. 녹지과 공무원들은 무엇을 하는 자들이고 조경업 면허를 영위하면서 가로수 가지치기를 하는 자들은 무엇을 하는 자들이란 말인가? 조경이라는 것이 한갓 비전문가들이 보기에도 기술이 아닌 얼토당토않은 잡기에 불과하단 말인가? 조경기술자가 아닌 행정을 하는 자에게서 조경인이 조경기술에 대한 강의를 들어야 한다면 지금까지 조경에 관한 정책, 입법, 실행에 속해있는 자들은 무엇이란 말인가?

이런 이야기에 사람들은 말할 것이다. 돈이 문제라고. 돈만 제대로 주면 촌놈 머리 깎은 것 같지 않게 정성을 들여 아름답게 작업할 자신이 있다고…. 그런데 고건 씨의 가로수 가지치기 강의를 하고 난 후, 가로수 가지치기 단가가 많이 올랐다는 이야기는 듣지 못했다. 그러나 서울 시내 가로수를 예전처럼 그렇게 몽땅 연필처럼 자르지는 않는다. 제법 돈 들인 효과가 날 만큼 그럴듯하게 잘라 놓은 곳이 많이 눈에 띈다.

이미 다 알고 있었고 필요성을 다 느끼고 있었다. 이대로는 안 된다는 것을…. 울고 싶은데 누가 때려준 격이었다. 공무원들은 업자를 독려하여 잘하고 있다. 이왕지사 가지치기하려면 보기 좋게 잘라야지 하는 마음이 왜 없었겠는가? 하지만 가재는 게 편이라고 그동안 조경업자들이 남지 않는다고 울어대니 어쩔 수 없었을 것이다. 위에서 올바른 소리를 하자마자 신명 나게 밀어붙이는 힘이 발동한 것이다. 이것이 우리의 장점이자 단점인 것이다.

많이 발전한 가로수 가지치기에서 좀 더 바란다면 가지치기의 단가를 많이 그것도 꽤 많이 올릴 필요가 있다. 그래야 생각하면서 여유를 가지고 나무의 형태를 봐가면서 가지를 자를 수 있는 것이다. 그리고 차들이 질주하는 위험한 가운데 안전장치를 제대로 갖출 수 있었을 것이다(신호수의 보강 등).

또 가지치기하지 않아도 되는 지역을 만들어 중점관리하여 나무의 형태가 본연의 형태에 맞게 자라도록 해야 한다. 즉, 중앙분리대에 심긴 나무라든지, 인도가 꽤 넓고 전선도 다 지하로 들어가서 지상 장애물이 전혀 없는 지역 등은 가지치기를 하지 않는 예산을 꼭 가지치기가 필요한 곳에 몰아서 시행하여 제대로 해야 한다.

방법으로는 조경기사를 반드시 가지치기 장소에 임석하게 하고 500원짜리 동전보다 굵은 가지를 잘라야 할 때는 조경기사의 승인을 득한 후에 자르도록 해야 할 것을 의무화할 필요도 있다. 그리고 기록을 남겨 분쟁의 소지가 없게 해야 한다. 또 그렇게 굵은 가지를 자른 자리에는 잘린 자국이 썩지 않는 약을 발라서 나무의 수세에 영향을 주지 않아야 하는 것도 의무화할 필요가 있다.

인도가 좁아서 크게 자란 가로수의 가지가 건물에 닿게 되는 경우를 종종 본다. 이러할 때는 건물의 주인이 건물에서 1m 이내의 가지는 마음대로 자를 수 있게 해주면 예산도 절감되고 구청에서 뒤늦게 가지치기를 함으로써(강한 전정) 생기는 수형의 변형도 예방할 수 있다.

나무란 그 자체로 아름답다. 그냥 두면 둘수록 오랜 세월 속에서 나무는 더욱 아름답게 고유의 형태를 갖추어 가는 것이 보통이다. 오히려 사람이 인위적인 힘을 가한 곳에 상처가 나서 썩고 회복 불가능한 형태가 되어서 수형이 흐트러지는 경우가 더 많다. 그러니 가지치기를 하지 않는 것이 최상의 나무 관리인 것은 자명한 사실이다.

하지만 도심에 식재된 가로수란 전정을 하지 않을 수 없고 상당한 전문적인 관리를 필요로 하는 것은 사실이다. 가지치기를 통하여 잘 단장하는 기술이 필요한 것이다. 돈이 쓰였으니 한눈에 확 달라져 보이게 가지치기를 해야 하는 것은 어쩌면 군사문화의 산물이 남아서가 아닌지 모르겠다.

무릇 나무의 가지치기란 말 그대로 가지치기인 것이다. 가지를 자르는 것은 수형이 변하지 않음을 원칙으로 해야 한다. 수형의 변형을 목적으로 가지치기를 한다면 더 나은 형태로 변형됨을 원칙으로 해야 한다. 그렇지 않고 나무를 몽둥이로 만드는 가지치기는 이젠 중단해야 한다. 나무의 잎이 무성한 여름철이면 시원한 그늘이 있는 보도를 걷고 싶게 만드는 것이 더 성숙한 선진 사회로 가는 길이지 않을까.

12. 목도채 · 조경석 쌓기 · 전정가위

2016년

목도채라고 들어 보셨습니까?

예전에는 나무를 옮기거나 무거운 자재를 옮기려면 사람의 힘으로 하였습니다. 한사람이 옮기려면 지게를 지고 옮기거나 그냥 들고 옮기면 되었으나 그보다 더 무거운 자재를 옮기려면 여러 사람이 붙어서 옮겨야 하는데 옮기는 기구가 필요했습니다. 그것이 목도채입니다.

조경하는 사람에게는 이것이 필수였습니다. 나무란 원래 크고 무거워 한 사람의 힘으로는 옮길 수 있는 것이 아니기에 2명 또는 4명 많게는 8명 이상이 붙어서 옮겨 심었답니다. 특히 뿌리분이 무거웠는데 뿌리분 주위를 지금처럼 밧줄로 감고 목도채를 끼우고 사람이 목도채를 어깨에 지고 뿌리분을 들고 일어서면 뒤에서 다른 사람이 우죽(나뭇가지)를 잡고 운반하였답니다.

장비가 부족한 시절 큰 물건을 운반할 때, 우리의 조상들은 당연히 목도를 하였답니다. 상여를 메고 가거나 산에 전봇대를 세우거나 철도 건설현장에서 침목을 운반할 때도 목도는 필수였습니다. 겨울철 중부지방에 조경 일이 없을 때, 목도가 기본인 많은 조경인들은 이런 일에 동원이 되곤 하였답니다.

기록에 의하면 경복궁을 대원군이 보수할 때, 조선의 가장 뛰어난 목도꾼 300여 명이 목도하여 근정전의 주 기둥을 옮겼다고 합니다. 상상하여보면 아마 한 명의 신호수가 북을 매고 앞장을 서서 둥 하고 북을 치면 300여 명의 목도꾼이 한 발짝씩 내디디면서 나무 기둥을 옮겼을 겁니다. 장관이었을 겁니다. 종로통 꼬맹이들의 큰 구경거리가 되었을 겁니다. 지금 경복궁 근정전에 가서 기둥을 보면 아무리 봐도 300여 명이 필요하지는 않았을 거 같기도 합니다. 어떻게 되었던 그 당시 그 정도의 큰 공사였다는 것이지요.

목도하는 데는 목도하는 사람의 호흡과 바란스가 가장 중요합니다. 힘센 사람이 빨리 걸어도 안 되고 키가 큰 사람이 자기 마음대로 허리를 쭉 펴도 일이 제대로 될 수가 없지요. 조경수를 심는 데는 그만큼 협동이 중요하였답니다.

목도채는 흔히 나무로 만들었는데 너무 약하여 무거운 물건을 들면 목도채가 부러지고 목도채가 너무 강하면 채를 매는 어깨가 배겨 일하는 사람이 힘들어했습니다. 무거우면 운반하는 물건도 무거운데 목도채까지 무거워 불편했습니다. 그래서 목도채는 가볍고 질긴 재료에 주위에서 쉽게 구할 수 있는 나무를 선호하였답니다.

목도채의 길이는 1.5m 정도의 길이에 끝부분은 가늘고 중간 부분을 굵게 깎아 무게를 견디도록 만들어 사용하였는데 재료로는 아무 나무나 가능했으나 질기고 무른 나무가 제격이었답니다. 그래야 나무가 맞닿는 어깨가 조금이라도 덜 아프니까요. 그래서 빨리 자라고 가볍고 주위에서 쉽게 구할 수 있는 은사시나무를 가장 선호하였답니다.

은사시나무는 가볍고 질기고 낭창낭창해서 잘 부러지지 않는 목질의 속성을 가지고 있답니다. 겨울이 되어 나무의 낙엽이 지고 나면 뒷산 아무 곳에서나 2~3그루 서 있는 은사시나무 중, 팔뚝 굵기보다 약간 굵은 나무를 잘라 낫으로 깎아서 사용하였습니다. 아마 요즈음 같으면 산에서 이렇게 나무를 베면 난리가 날 가능성이 크죠.

은사시나무로 말할 것 같으면 속성수로 나무젓가락 이쑤시개 펄프의 재료로 사용하기 위해서 많이 심었습니다. 그러나 봄이 되면 은사시의 꽃가루가 눈이 오는 듯이 휘날려 호흡기 질환, 봄철 눈병의 주범으로 신문과 방송에서 떠들어 댔습니다. 결국은 과장된 이야기로 판명되었지요. 아무튼, 임학과 교수들도 은사시나무 한 그루가 들어서면 주위 반경 300m는 은사시나무로 우점종이 될 것이라 경고하였습니다. 이것도 결국 과장된 이야기였지요.

은사시나무가 우리나라 임업을 활성화할 것이라고 마구 심다가 1980년대에는 골치 아픈 나무로 전락한 것은 사실입니다. 그러니 누가 언덕이나 산언저리에 있는 은사시를 벤다고 시비를 거는 사람이 없었죠. 조경인은 별 죄책감 없이 은사시나무를 베어서 목도채로 사용하였답니다.

봄에 한 해의 일이 시작될 때 뽀얀 은사시나무로 깎은 목도채를 보면 흐뭇해하곤 했답니다. 올 한해 많은 일을 같이해야 할 동반자이니까요. 가을철까지 부러지지 않고 살아남은 목도채는 때가 묻어 누렇게 변해있답니다. 여러 현장을 돌아다니며 무수한 나무와 자재를 날랐던 훈장 같은 연륜이랄까.

이젠 이런 목도채를 보기가 힘듭니다. 현장에서 목도를 하지 않지요. 좋은 현상입니다만, 장비가 모든 일을 하니 나무를 거칠게 다뤄 하자가 많이 나지 않을까 우려가 됩니다.

쿠사리줄-조경석 쌓기

지금은 조경석 쌓기를 전문으로 하는 기능공이 있어 조경석만 쌓으러 다니는 사람들이 따로 있다고 들었습니다만, 예전(1980년도까지)에는 조경 기능인이라면 조경석은 아무나 쌓을 수 있는 실력이 있었답니다.

지금은 조경석을 장비로 거의 쌓지만 예전에는 대부분의 조경석 크기는 작아 거의 사람이 목도하여 쌓았는데 쿠사리줄로 조경석을 메달아 날라 쌓았답니다. 쿠사리줄은 대장간에서 체인에 고리를 제작하여 달아 사용하였으므로 목도채와 함께 가지고 다녔답니다. 로프는 돌을 쌓는데 적당하지 않았답니다. 돌은 로프로 감기가 힘들었고 돌을 쌓은 후에 줄을 빼내기도 힘들었답니다. 쇠줄은 잘 끊어지지 않고 쌓은 돌 틈에서 빼내기가 수월하였지요. 나도 경기도 광주에 있는 대장간으로 쿠사리줄 고리를 제작하러 간 기억이 납니다.

조경석을 인력으로 쌓다 보니 돌이 무거우면 안 되었지요. 힘이 너무 드니까요. 하지만 쌓는 돌이 크면 클수록 묵직해 보여서 좋아 보이는데 말입니다. 그러니 돌 중에서 비중이 가벼운 돌이 조경석으로 유행했나 봅니다. 속에 다공질이 많은 곰보돌, 돌이 무른 강화돌 등으로 조경석 쌓기를 많이 하였지요.

이렇게 돌쌓기를 하는데 쿠사리줄은 잘 끊어지지 않고 돌의 균형을 잡아 적당한 위치에 끼워 넣고 빼내는데 긴요히 필요했답니다. 지금은 돌이 크고 무거워 쇠밧줄을 사용합니다만 가늘고 가벼운 체인 줄로 만든 쿠사리줄은 한때 조경석을 쌓는 데 없어서는 안 되는 장비였습니다.

전정가위-수목 전정

나무를 전정하는 이유는 여러 가지입니다. 특히 나무를 이식하면 나무는 수술을 크게 받은 환자와 같습니다. 그러니 전정이 필수입니다. 수술을 받은 환자는 몸의 영양 균형이 깨져 있으니 갑자기 불고기나 고열량의 음식을 섭취하면 안 되죠. 수술 부위에 고름이 차거나 먹은 음식을 소화하지 못해 합병증이 생기죠. 그러므로 죽이나 저 영양식으로 서서히 몸을 회복하죠.

나무도 잘살고 있다가 뿌리가 다 잘려나가서 새로운 땅에 심어지면 뿌리로부터 올라오는 영양과 수분은 극도로 적은 양입니다. 그러므로 우리는 나무를 심을 때 전정을 합니다. 그러나 나무는 살려고 마구 잎을 피우는 거죠. 그러면 균형이 무너져 죽는 경우가 많습니다. 이식한 나무의 잎이 엉성하게 나면 살 가능성이 큽니다. 그런데 잎이 나지 않아야 하는 수피에서 마구 잎이 핀다든지, 잎의 크기가 원래의 것보다 현저히 작다든지, 잎은 피었는데 줄기가 변색하거나 말라간다든지 하면 그 나무는 문제가 있는 것이죠.

전정을 통하여 잎을 줄여 뿌리에서 받아들이는 것과 균형을 맞추어 줘야 합니다. 균형이 깨졌다면 모든 잎을 제거해야 합니다. 즉 나무의 둥치만 남겨 놓는 것이지요. 극단의 방법입니다. 물론 이렇게 하면 둥치에서 두 번 다시 잎이 나지 않는 나무도 있습니다. 하지만 대부분 나무는 다시 새 가지와 잎이 나오는 것이 보통입니다.

현장을 운영하는 소장분들은 목대에서 잎이 바글바글 나오는 나무, 가지에 물기가 없어 보이는 나무는 빨리 전정을 하는 조치를 해야 합니다. 특히 여름철 잎이 확 피었는데, 토양에 수분이 없지도 않은데 잎이 시든다면 뿌리에 물이 차서 뿌리가 썩어들어가는 경우가 많습니다. 가로수에 이런 경우가 많습니다.

이때는 과감히 나무를 옮겨야 합니다. 아니면 물을 제거하는 조치를 해야 합니다. 하나의 생명체를 죽이는 것도 힘들지만 살리는 것이 얼마나 힘들며 숭고한 일이라는 것을…. 많은 관심을 가지고 보살펴야 하는지를 잘 명심해야 합니다.

조경인은 이러한 자상함이 기초가 되어야 타 생명체를 살리는 일을 할 수 있고 많은 사람에게 아름다움을 선사할 수 있답니다. 이 더운 여름철 우리가 그토록 살리려고 하는 나무도 살기 위해 발버둥 치고 있다는 사실을, 우리가 열심히 도와야 한다는 사실을 기억해야 합니다.

전정을 위해서는 전정가위가 필수인데 조경 기능인은 전정가위를 좋은 것을 가지려고 애를 쓰죠. 예전에는 일본 장인들이 단조로 두드려서 만든 가위를 선호했지만 가격이 무척이나 비쌌습니다. 한 개를 사면 숫돌에 잘 갈아서 사용했답니다. 잘 갈린 전정가위는 예리하여 제법 굵은 가지도 싹둑 하고 단칼에 잘려나갔습니다. 그리고 그런 명품을 가진 기능인은 여러 사람 앞에서 자기의 전정가위를 자랑하곤 했답니다.

이젠 유럽의 대량생산된 가위를 가지지 않는 사람이 없답니다. 일제의 전정가위는 손잡이가 쇠로 되어 오래 사용하면 손에 물집이 잡히지만, 손잡이가 고무로 코팅된 가위는 스프링도 부드러워 사용하기도 편하고 훨씬 수월해졌습니다.

대량으로 생산된 가위는 날을 갈지 않아도 여간해서는 무디어지지도 않고 가격도 월등히 저렴하니 선호하지 않을 수가 없지요. 관목을 전정하는 데는 큰 전정가위로 전정합니다. 이 또한, 편리한 유럽산이 일본 전정가위를 대신한지가 오래고 지금은 전동식 trimmming기계로 관목을 전정하는 세상이 되었죠. 외국에서는 손가위도 전동식으로 나오니 금새 우리나라도 그렇게 되겠지요.

조 경 이 야 기

3장

사람

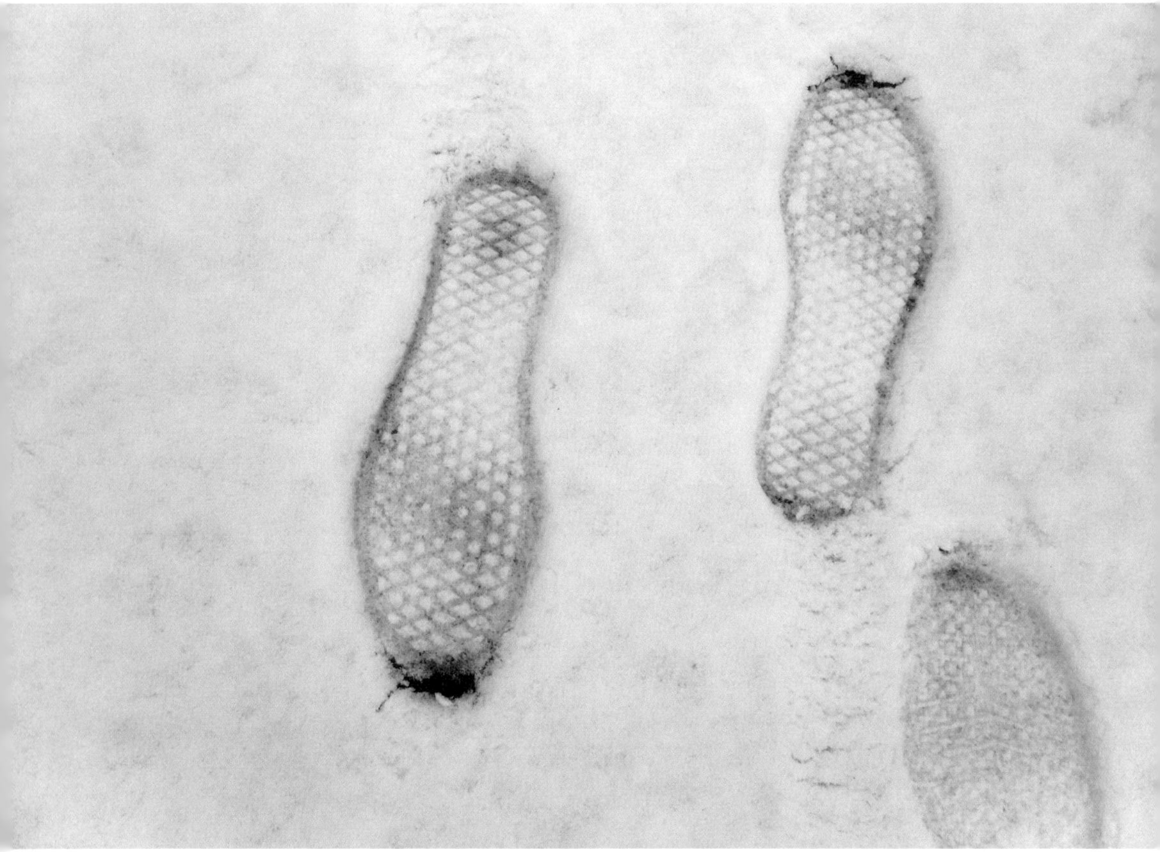

01. 인재에 대한 소고

에코스케이프. 2016. 1. 8.

이십 대의 태반이 일자리가 없어서 논다고 한다. 하지만 중소기업은 사람이 없어서 난리다. 조그마한 기업체를 운영하는 사람의 이야기에 의하면 직원 해고 사유에 해당하는 행위를 해도 좀처럼 해고를 하기 어렵다고 한다. 그 직원을 대체할 대안이 없고, 그동안 키워온 노력이 아까워 관두게 할 수 없다. 이토록 우리의 사회는 인력 수급에 있어서 왜곡되어 있다.

특히, 시공현장에서 일자리를 늘린다고 외국인이 건설현장에서 일하는 것을 극도로 어렵게 막아놨다. 그래서 일자리를 40만 개 확보했다고 모 대통령은 선전하였다. 그런다고 열악한 3D 일터인 조경 시장에 한국의 젊은이들은 쉽사리 발을 들여놓지 않는다.

그러니 현장에는 예전부터 일하는 고령자가 많아 안전사고의 가능성은 매우 크고 작업의 질도 현저하게 떨어진다. 예를 들면 예전에는 관목의 하자가 많이 나지 않았는데 관목의 하자가 많이 난다. 그 이유는 관목을 심는 인력이 고령화되어 맵시 있게는 심는데, 힘이 떨어져 땅을 깊게 파지 못하여 나무를 얕게 심어 뿌리가 드러나 마르거나, 동해를 입는 경우가 많다.

앞으로 이대로 10여 년이 흐른다면 과연 조경 시공현장은 어떻게 될 것인지? 라고 노파심을 갖는 사람이 많다. 그때 가서 생각할 일이지, 필요하면 대책은 생긴다는 사람도 있다. 하지만 조경 기능 인력시장의 현주소는 너무도 한심하다.

계단을 내려오다 넘어져 골다공증으로 발목을 다치는 기능공, 조경의 기본은 전정이므로 어느 정도 나무를 잘 타야 하는데 조그마한 가지를 자르기 위해서 사닥다리가 위험하여 레카나 리프트를 사용해야 하는 안전관리, 현장에서 뛰지도 못할 정도의 노령화된 인력을 보면 앞으로 일어날 일이 암담하다.

지금이라도 늦지 않았다. 외국의 기능인력에 대하여 적당히 문호를 개방해야 한다. 어차피 우리나라 사람이 외면하는 자리를 비워 놓는다고 해서 해결될 일이 아니며 그 자리는 그 일을 하는 사람으로 채워서 우리나라 실정에 맞게 해야 제대로 일할 수 있다. 그래야 진정한 한국류의 조경을 구현할 수 있고 이에 걸맞은 조경 작품과 문화도 생기리라 생각한다.

또 외국인의 유입은 인구가 줄어들어 경제 활력이 떨어지는 경제성장에도 보탬이 될 수도 있을 것이며, 외국인력이 늘어나면 이를 관리하는 일자리를 새롭게 창출할 수 있다. 이러면 막노동은 아니라도 관리하는 요원(반장) 정도는 한국의 젊은이가 할 수 있지 않을까.

또 다른 이야기로 예전에 모기업에 면접시험을 보러 가면 관상 보는 사람이 앉아서 합격 여부에 관여했다는 이야기를 들은 적이 있다. 그 기업의 경영인은 미신을 많이 믿어서 이러한 행위로 직원을 뽑았을까? 아니면 그 나름의 관상을 봐야 한다는 철학이 있어서일까? 요즈음은 '용모가 잘생긴 여성' 등을 모집 요강에 표시하지 못한다고 한다. 또 특별한 경우가 아니면 여성 또는 남성이라고 지칭을 하여 모집을 하면 법 위반이라고 한다. 이렇게 정부는 사기업의 입시 전형에까지 까다롭게 관여한다. 과연 무엇을 위한 간섭인지 모르겠다.

혹자는 이야기한다. 요즈음에도 기업문화가 존재하느냐고…. 월급은 그냥 다 쓰고 그냥 수가 틀리면 사표를 던진다. 6개월 동안 실업수당을 받으면서 고민해도 되니 대책 없이 관두더라도 버틸 만하다. 그러니 애사심이라는 것을 가지라는 소리는 메아리에 가깝다. 월급을 많이 주는 직장이면 최고이고 자신에게 조금이라도 손해가 가면 조금도 양보하지 않는다.

질기게 버티면 이기고, 떼법(?)이 우선하게 된 지 오래다. 조그마한 실수를 경영자가 하면 유튜브에 올려 인터넷에서 온갖 망신을 당하게 한다. 왜 우리 사회가 이렇게 되었는지 모르지만 이렇게 되어버렸다.

그래서 기업주는 직원의 관상을 보고 사주를 보는지 모르지만, 어떻게 하면 자신과 힘을 합쳐 오래도록 회사에 도움이 될 인재를 유치하려고 혈안이었다. 삼국지에서 짚신을 삼던 유비가 자기와 한날 죽기로 한 의형제 두 명(관우와 장비)을 얻으니 촉나라 황제가 되지 않았는가? 이토록 자신과 운명을 같이할 인재를 찾기란 하늘에서 별 따기 세상이다. 똑똑한 인재는 지천으로 널려 있으나 지음(知音)을 아는 사람(기업을 진정으로 이해하고 같이할 수 있는 사람)은 찾기가 힘든 세상이다.

기업도 유기체와 같아서 탄생과 유아기, 사춘기, 청년기, 장년기, 노넌기 등을 거친다. 조경이 탄생한 지 40여 년이 되었으니 역사로 보면 조경업하는 대부분 기업은 아직 사춘기나 청년기이다.

조경이 성장하기를 바라지 않는 조경인은 없다. 지금 조경회사를 차린 기업인은 모든 것이 생소하니 열심히 배우고 노력해야하지만, 어느 정도 안정된 사춘기에 들어선 기업은 그에 알맞은 처방으로 기업을 일구지 않으면 나락으로 떨어진다.

사춘기에 좌절하는 많은 인생이 그렇듯 기업 또한 좌절한다. 그리고 사춘기를 벗어난 청년기와 장년기에 들어선 기업은 조경의 앞날에 대한 비전과 먹거리를 끊임없이 발굴하지 않고는 기업이 영속할 수 없다. 그래야 안팎으로 도전받는 조경업에 대한 영역보존과 발전을 도모할 수 있다.

많은 대학의 문을 나서는 조경인이 자신의 근기에 맞는 직장을 찾아 열심히 일하므로 비전을 갖는 기업인과 같이 회사를 키우는 동량으로 성장하는 인재가 되기를 고대한다.

02. 조경기능 올림픽

에코스케이프. 2015. 7. 2.

2001년 9월에 서울서 기능올림픽을 개최했는데 조경 분야가 있다는 것을 그때야 처음 알았다. 8개국이 조경 분야에 출전했다. 기능올림픽에서 금메달을 받으면 4년마다 열리는 하계올림픽에서 금메달을 받는 것과 같은 예우를 한다. 조경 분야에는 8개국이 출전하여 금, 은, 동을 다투니 하계올림픽 경쟁에 비해 얼마나 쉬운 일인가? 특히, 우리나라는 메달을 따면 군대에 가지 않는 특전도 주어지므로 매력이 있다.

우리도 2005년 핀란드 국제기능올림픽대회에 처음으로 조경 분야가 출전했다. 조경 분야는 20세 이하 2명이 한팀이 되어 주어진 과제를 3일 안에 완성하여 평가받는 형식이다. 서울공고에서 선발전을 치루었는데 2팀이 나와서 선발한 2명이 여러 후원업체의 도움을 받아 연습하여 출전했다.

총15개 팀이 출전하여 자웅을 겨루었는데 결과는 메달은 받지 못하고 아깝게 우수상(4등)을 받았다. 만약 3등 안에만 들어가도 군대 면제에 평생 해당하는 연금을 받을 수 있는데…. 주어진 부상(副賞) 500만

원에 만족해야 했다.

2년 뒤 2007년에는 기능올림픽이 일본에서 개최되었다. 이때는 우리나라와 가까이 있는 나라에서 개최됨으로 준비를 처음 출전보다 많이 했다. 선발전에는 3팀이 나와서 선택된 팀이 외국 선수들과 자웅을 겨루었으나 또 아깝게 우수상(4등)에 해당하는 상금 800만 원에 만족해야 했다. 이때도 15개 팀이 출전하였으니 조금만 잘하면 메달권에 들어갈 수도 있겠다는 자신감이 들었다.

메달만 따면 군대 면제라는 특혜가 있으므로 4년제 대학을 다니는 인재들이 도전해 보는 것도 좋겠다는 생각에 여러 대학에 이야기하였으나 '대학생은 기능인이 아니다'라는 이유로 별로 호응을 얻지 못했다. 아마 교수들은 자신의 제자가 기능인으로 대우받는 것이 불쾌(?)했을지도 모른다.

2009년의 캐나다 기능올림픽을 위해서는 선수도 미리 선발하여 많은 연습을 하였다. 하지만 2명이 조그마한 공간에서 작품을 3일 만에 연출해야 하는 작업은 많은 능력을 요구한다. 영어로 문제가 나오니 어학을 기본적으로 해야 하고 돌을 가공할 줄 아는 능력, 포장재에 대한 이해와 설치작업, 식재, 측량 등의 기술도 필요로 한다. 이러한 작업을 할 수 있는 체력도 뒷받침 되어야 한다. 14개국이 출전한 캐나다에 가서는 입상권에 들지 못했다. 그래서인지 많은 관계자가 실망하고 후원하던 사람들도 지쳐버렸다. 별로 연습을 하지 않았을 때도 4등을 하였는데 많은 연습을 한 결과가 더 좋지 않게 나온 데 실망한 것이다. 그 이후 국제기능 올림픽에 조경 분야는 출전하지 않고 있다.

국제기능올림픽은 1967년 제16회 스페인대회 때 우리나라는 첫 출전하여 통산 18회 종합우승을 차지했다. 1973년부터 2년마다 개최하는데 많은 종목 중에 한 국가에서 52개 종목만 출전할 수 있다. 우리나라를 포함하여 독일, 일본, 스위스 등이 52개 종목에 출전하고 있다. 전 종목에 출전하는 나라를 보면 기술 강국들이라는 것을 알 수 있다. 우리나라가 18회 우승을 하였다는 대기록은 지금의 기술 강국 대한민국을 만들었다고 생각하며, 52개 종목에서 기능인을 출전시키는 나라들의 기능인력이 그 나라를 부강하게 만들었다는 것은 자명한 사실이다.

우리나라만큼 조경이라는 분야가 나라의 선진화에 밑거름이 되어온 나라도 드물다. 계획, 설계, 시공 등에서 괄목할 만한 성과가 있었지만, 기능 면에서 과연 그러한 발전이 있었는지 되돌아보게 한다. 아무리 좋은 설계도 구현할 실력이 없다면 종이에 선 그어놓은 것에 지나지 않는다. 그동안 우리나라의 솜씨 좋은 기능인들은 도면이 없으면 말로 설명만 해도, 도면이 좀 미흡해도 장인의 기술력으로 현장을 아름답게 구현해왔다.

조경 기능인력들이 이젠 늙어 가는데 조경기능인을 우리가 홀대하여 젊은 피를 키우는데 소홀하지 않았는지 반성해 본다. 현장을 구현하는 가장 근본이 되는 장인이 없다면 우리가 하는 일들이 사상누각이 되지 않는다는 보장도 없는 것이다.

영국의 어느 집을 방문했을 때, 거실 바닥 절반만 타일을 시공하고 나머지는 방치하고 있었다. 어림짐작으로 이삼일만 작업하면 일이 끝날 것 같았는데 한 달 이상, 이 지경이고 그나마 타일기술자가 하기휴가를 갔기 때문에 언제 끝날지 모른다는 이야기를 들은 적이 있다.

우리도 이런 현실을 직면하지 않는다는 보장이 없다. 지금은 외국인

기술자들이 와서 조금은 부족분을 메워 주고 있지만, 자국의 기술자를 보유하고 있지 않으면 어떻게 된다는 것은 자명하다.

기능올림픽에 한나라에서 52개 종목밖에 출전하지 못하니 다른 분야에서 서로 출전하려고 경합을 벌이고 있다고 한다. 우리는 이렇게 확보한 입장권을 놓친 것 같아 안타깝다. 특히, 우리나라는 젊은 사람들이 메달권에 들어가면 군대를 면제받을 수 있고, 평생 연금이 나오는 특전도 있다. 최초로 조경기능올림픽으로 메달을 딴다면 그 명예 또한 대단한 것이 아니겠는가? 조경이 존재하는 한 기록으로 남을 텐데…. 그리고 조경기능인이 줄어들고 노쇠화하는데 조경인들이 기능인을 키우기 위해서 노력한 일이 너무나 미약했다는 점에 반성을 해본다.

03. 조경기능인 _전정

2016. 10.

이번에는 조경기능인이 갖추어야 할 요소로 전정에 관하여 이야기하고자 한다. 전정은 조경식재를 하는 사람이라면 반드시 알아야 하며, 전정을 잘하는 기능을 갖추고 있어야 훌륭한 조경기능인이라 할 수 있겠다.

우리는 앞마당(정원)에 왜 나무를 심는가? 아름다움, 심적인 안정, 힐링 등의 단어로 표현할 수 있다. 정원에 심은 나무가 쓰레기처럼 보인다면 누가 나무를 심겠는가? 대부분의 식물이란 아름답지만, 인간의 눈높이에 맞게 더 아름답게 보이게 하려면 그 나름의 가공이 필요하다. 그리고 식물도 자신이 할 수 없는 것을 인간이 대신해 주어 그 나무에 활력을 불어넣어 주는 것이 전정이다.

예전에는 사람의 요구에 맞게 나무를 잘랐다. 토피어리라는 것이 대표적이다. 나무를 가지고 동물의 형상을 만들거나 나선형, 구름형 등으로 주인의 구미에 맞게 잘랐다. 나무가 원하든, 원하지 않든 간에…. 어쩌면 이러한 것도 필요한 요소이다. 인간의 필요 때문에 그 장소에 그 나무를 심었다면 어떠한 요구를 할 수 있는 것이 인간의 속성이지 않은가? 너풀너풀하게 자란 향나무보다는 단정하게 구름 형태로 전정이 되어있는 나무라든지 원뿔꼴로 단정하게 깎은 베르사유 궁전 정원의 주목을 보면 아름답다고 생각하는 것은 부인 못 할 사실이다. 그래서 전정은 필요악인 셈인지도 모른다.

전정의 방법으로 우리는 정자세를 유지해라, 고사지, 간섭지, 역지, 평행지, 도장지를 제거해라 등의 원칙을 배웠다. 이것만 제대로 해도 전정은 다 아는 것으로 생각한다.

멋을 내는 전정은 그다음의 문제라는 생각이다. 수목이 정자세를 유지한다는 것은 보는 사람이 아름답게 느끼지 않을 수 없다. 왜 정 2품송이 아름다운가? 소나무가 그토록 정자세를 유지한 나무가 어디 있단 말인가? (지금은 가지가 많이 훼손되어 수형이 흐트러졌지만) 죽은 가지를 제거하는 것은 수목의 건강이나 자세를 유지하는데 매우 중요하다.(향나무의 묵은 잎을 떨어 주어 바람이 잘 통하게 하여 나무를 건강하게 해준다든지 느티나무의 죽은 가지를 없애 그늘에 있는 사람의 안전을 도모하고 죽은 가지가 나무의 둥치 속에 박혀 나무의 속을 썩게 하는 것을 방지한다든지 등)

간섭지, 역지, 도장지, 평행지는 나무에도 별 도움이 되지 않고 수형을 유지하는 데 별로 좋지 않으니 제거하면 나무를 아름답게 보이게 하고, 나무의 활력에 도움을 주는 요소이다.

또 나무를 전정하는 중요한 기술 중, 하나는 현장에 나무를 심을 때 나무를 살리기 위해 하는 기술이다. 우리나라 조경은 현장에 들어오는 나무 상당수가 뿌리가 잘려져 들어온다. 나무 뿌리가 많이 잘려서 뿌리의 수분 흡수는 매우 떨어져 있는데, 나뭇잎이 무성하면 증산작용이 과다하여 나무가 죽기 쉽다. 적당히 가지를 치는 전정 작업으로 뿌리에서 빨아들이는 수분의 양과 증산량의 balance를 맞추어 주어 나무를 살리는 작업이 전정의 중요한 기술이다. 이는 식물에 대한 이해가 뒷받침되어야 하고 가지를 자르면서 수형을 유지하는 상당한 숙달이 필요한 기술이다.

능숙한 숙련공은 담배를 물고 옆 사람과 이야기해가면서 적당히 가지를 솎아내도(전정해도), 최적의 전정을 하여 나무가 살아나는 데 도움도 주고 최상의 수형도 유지하게 한다. 참으로 놀라운 재주가 아닐 수 없다.

예전에 가정집에 향나무를 몇 그루 심고 유지 관리하였는데, 주인이 향나무 전정을 가위로 못 하게 하였다. 손으로 웃자란 잎을 따서 둥글게 맞추어 주기를 원했다. 안쪽의 죽은 잎을 제거할 때도 마찬가지고. 나무에 가위나 톱을 사용하는 것을 극도로 싫어했다. 심은 향나무도 수형이 훌륭하였지만 매년 그렇게 전정을 하니 가위로 전정한 것과는 나무의 품격이 달랐다.

물론 한 주를 전정하는데 최고의 기술자가 하루종일 걸렸다. 나무를 전정하는 날에 주인은 거의 출근도 하지 않았던 것으로 기억한다. 감시하기 위해서가 아니라 전정하는 행위를 보기 위해서…. 그리고 잘 전정을 해 놓으면 '좋다! 좋다!'를 연발하면서 나무를 감상했다. 그 주인은 진정으로 나무를 볼 줄 알고 전정의 의미를 아는 것 같았다. 이토록 전정은 아름다운 나무에 생기를 불어넣는 것과 같은 것이다.

요즈음은 나무를 전정하고 심었을 때 이토록 아름다울 수가 없다는 생각이 들 정도로 전정을 잘 하는 조경기능인은 점차 사라지는 것 같고, 그 실력이 전수되지 않고, 그런 기능인은 늙어만 가서 안타깝다. 조경인들이 이런 실력을 체계화하고 전수하는데 등한시하지 않았나 생각한다. 지금이라도 나이 많은 실력자들이 은퇴하기 전에 그 비법을 모을 방법은 없을까 생각해 본다.

04. 식재기능인 _목도

에코스케이프. 2016. 8.

예전에 조경식재기능인의 기본 조건은 목도였다. 장비가 없던 시절에 조경한다는 것은 나무 굴취, 식재, 조경석 쌓기 등을 하기 위해 무거운 소재를 나르는 일이 많다 보니 목도로 모든 자재를 날랐다. 조경기능공은 목 뒤에 굳은살이 배겨 뭉텅하게 혹이 하나 더 있는 것 같은 사람들이 많았다.

목도는 힘의 균형이 매우 중요하다. 여간 힘이 센 사람도 목도를 해보지 않았다면 목도를 많이 한 사람의 기술을 당할 수가 없어 목도 채를 목 뒤에 걸고 같이 일어서다가 꼬꾸라지기가 일쑤였다. 수목을 목도하여 일어서려면 목도 채의 길이나 밧줄을 뿌리분에 거는 위치에 따라 힘을 주는 것이 다르니 당연한 이치다.

나무는 길이가 기니 앞에서 뿌리분에 밧줄을 걸고 목도에 능한 사람이 목도를 하여 서고, 뒤에서 나뭇가지(우죽)를 잡는 사람이 필요하다. 뒤에 서서 가지를 잡는 것은 당연히 초임자들의 몫이다. 여기에도 오묘한 기술이 있어 밧줄을 앞으로 걸면 목도하는 사람은 힘이 별로 들어가지 않고 우죽을 잡는 사람에게 모든 힘이 가해져 아무리 힘이 센 사람도 일어서기조차 힘들다.

이렇게 신참이 오면 골탕을 먹이곤 했다. 그리고는 한마디 내뱉는 말 '예전부터 우죽 잡는 자식은 낳지도 말라는 말이 있다'라고 모욕을 주어 기를 꺾기 위함이리라. 그렇게 이야기하는 자신도 우죽을 잡고 뒤따라다니던 과정을 겪으면서 기능인이 되었을 것인데….

목도를 하기 위해서는 목도채가 필수인데 재료는 나무였는데 재질이 단단해야 하나 무거워서는 안 되었다. 사람들이 가장 좋아하고 즐겨 쓰는 목도 채의 재질은 은사시나무다. 은사시나무는 1970년대에는 나무가 곳곳에 있으니 구하기도 쉬웠다.

또 나무의 재질이 물러 깎기도 좋고, 질겨 잘 부러지지도 않았으며 가벼워서 사람들이 선호하였다. 조경 반장들이 목도 채와 목도바, 조경석을 쌓을 때 필요한 쿠사리줄을 항상 애지중지하면서 마대에 가지고 다니던 것이 눈에 선하다.

서울 지역에서 목도를 잘하는 기능인들은 겨울철이면 조경식재공사를 할 수 없으므로 주로 남쪽으로 가서 열차 철로를 받치고 있는 침목설치공사나, 전신주를 나르거나, 경계석을 목도로 져다 나르는 공사에 투입되곤 하였다. 이런 일은 발이 넓고 일을 잘 물어오는 유능한 반장 밑에서 일하는 사람들에게 돌아오는 행운이었다.

이 일도 서로의 팀워크가 맞아야 하고 사람의 인간성이 좋아야 반장이 데리고 다니지 일만 잘한다고 같이 가지 않았다. 지방 생활을 오래 하다 보면 집에서 일을 다닐 때와는 다르니 여러 가지 불미스러운 사고가 날 수 있으니 사고를 미연에 방지하는 차원이었다. 그러니 일을 따라가지 못하는 많은 사람은 겨울철에는 할 일이 없어 마냥 놀아야 했다.

겨울철에 일거리가 없으니 집에서 빈둥거리기가 미안한 조경기능인은 집에 있지 못하고 아침도 못 먹은 채 평소에 자신을 불러 일을 시키던 농원 등지로 출근했다. 그래도 농원을 가지고 있는 사람(보통 '오야지'로 불렀는데 일본말일 거다)은 보통 먹고살 만한 사람들이었고, 농원의 한 귀퉁이에는 가설건물을 지어 놓고 겨울철에는 할 일이 별로 없으니 그곳에서 무료하게 시간을 보내는데 주로 고스톱이나, 윷놀이 등으로 소일하면서 시골에 싼 나무가 났다는 통보가 오면 출장을 가곤 하였다.

그곳에 가서 노름하는 것을 구경하거나 얼쩡거리고 있으면 점심때가 되고 돈을 딴 사람이나 화원의 주인이 자장면을 한 그릇 시켜주면 먹고, 동시에 소주도 한잔 걸치면 아침도 안 먹은 빈속이라 술도 빨리 취했다. 그리고 집으로 돌아오면 저녁을 어떻게 했느냐고 물으면 술도 취했고, 돈도 못 벌어 오니 그냥 먹었다고 하고 자는 경우가 허다하였다. 이런 생활을 겨우내 하면 건강이 어떻게 된다는 것은 불 보듯 뻔한 이야기다.

이런 와중에서도 집사람에게 돈을 만 원 정도 얻어다가 평소에 고용하던 농장주인이나 조경업체 사장에게 밥을 사러 오는 사람도 있었다. 봄철에 일을 시작하면 자신을 가장 먼저 불러 달라고…. 그리고 봄이 되어 조경 일을 시작하면 또 목도하는 일을 하는 생활이 반복되는 것이다.

힘이 장사이던 조경공들이 봄에 처음 일을 시작할 때 맥을 못 쓰는 경우를 종종 봤다. 일을 시작하고부터 매일 삼겹살에 소주를 사주면 일주일 정도 지난 후부터는 예전의 힘을 회복하여 가을까지 대장정을 시작하는 것이다.

많은 기능인이 구파발이나 삼양동 쪽에 살았는데, 자기들끼리는 구파발패, 삼양동패로 불렀다. 그리고 자기들의 실력이 더 낫다고 자랑했다. 구파발에서 조경하는 사람들은 일본강점기 때부터 그쪽에 농원들이 많아 조경에 대한 경험이 있는 사람들이 많았고, 삼양동 쪽에는 6·25 이후부터 조경하는 사람들이 많이 몰려 살았다. 이렇게 조경기능공의 세계가 양분되어 있다가 서울 강남을 개발하면서 강남 일대에도 화원들의 집성촌이 생겨나면서 원지동패, 천호동패 등 많은 조경기능인 그룹이 생겨났다.

1990년대부터 신도시를 건설하고 건설경기가 활성화하자 조경기능인의 어려운 시절은 많이 해소되었다. 기술이 좋으면 서로 데려다 쓰려고 하고 대우도 많이 나아졌다. 더욱 좋아진 것은 장비를 활용하므로 예전처럼 목도를 하지 않아도 공사를 할 수 있다는 것이다.

목도를 하면서 힘겨워하는 것을 보면 안쓰러울 때가 많았는데 지금은 장비로 일을 하는 것을 보면 옆에서 보기에도 아주 편하다. 조경기능인들의 나이가 너무 노령화하여 큰일이다. 아무도 기능 일을 배우려 하지 않으니 한국에서 꽃피운 조경의 여러 기술이 대가 끊어질 위기인데 우리는 아직 그 어려움을 모르고 있지는 않은지 모르겠다.

05. 조경기능인 _군식

에코스케이프. 2016. 9.

조경기능인이 갖추어야 할 기술로 목도가 중요하다고 이야기했다. 하지만 지금은 거의 장비로 작업을 하니 목도하는 사람은 거의 없어지고 새로운 세대는 목도를 배우려고 하지도 않고 배울 필요도 없다. 조경기능인으로 목도 다음으로 갖추어야 할 기술은 관목을 군식하는 능력이 있어야 한다.

예전에 삼양동에서 일을 나오는 사람이 한 분 있었는데, 그 기능인의 군식하는 능력은 신기에 가까웠다. 군식을 하고 나면 거의 전정할 필요가 없을 정도로 관목의 높이를 잘 맞추고 모양새를 내어 식재했다. 즉, 심으면서 웃자란 가지는 손으로 분질러 버리니 향후 특별한 전정을 할 필요가 없었다. 심은 후에 흙도 정리를 깔끔히 하니 관목 사이의 흙 속에 자갈이 보이는 법이 없어 관수하고 자갈을 골라내지 않아도 되었다. 그리고 심는 속도도 아주 빨라 하루에 1,500여 주는 거뜬히 심었다.

하루는 어느 공장을 조경하는데 공장의 용지가 아주 넓어 관목을 심을 곳은 많은데 양은 부족하고 난감했다. 그러나 그 기능공은 걱정하지 말라고 하면서 아메바 형태로 심을 자리만 그려주면 철쭉을 멋이 나게 심겠다 했다. 형태를 그려주니 심을 곳을 갈퀴질 하여 중앙에 해당하는 부분을 약간 볼록하게 잘 정리한 다음, 제일 키가 큰 철쭉을 중앙에 심고 등고선 형태로 H30×W30 규격의 철쭉을 50cm 간격으로 심어나갔다.

너무 간격이 넓어서 보기 싫지는 않을까 걱정했다. 그러나 바닥의 흙이 훤히 보이지만 흙에 돌이 보이지 않게 잘 정리하면서 심어나가니 깔끔하고, 그 아메바 형태의 넓은 면적에 150여 주 심은 철쭉을 약간의 거리를 두고 보니 중앙에는 나무가 바로 섰으나 외부로 갈수록 약간 외부로 기울여져 방사선 형태로 심은 군락이 그림 그 자체였다.

관계자 중에 아무도 너무 엉성하다든지 양만 늘렸다고 지적하는 사람은 한 명도 없었다. 몇 년 뒤에 그 공장을 갔더니 철쭉이 잘 자라 서로 가지가 붙어서 바닥에 흙도 보이지 않고 탐스럽게 모양을 갖추고 있어 널찍하게 심기를 잘하였다고 생각하니 흐뭇했다. 물론 식재 후에 가꾸는 사람의 공력이 많이 들어갔겠지만….

평수가 큰 고급빌라 조경공사를 하는데 그 기능공이 군식을 잘한다고 자랑을 하였더니 담당감독이 그렇게 군식을 잘한다면 아무리 물량이 많이 들어가도 좋으니 빌라 입구의 10m² 남짓한 공간에 철쭉을 마음껏 모양을 내어서 한번 심어보라고 했다. 부잣집 주택정원에 물량을 최대한 늘려 심듯 뿌리를 포개어 빽빽이 빈틈없이 심었다. 잔가지가 겹치고 정돈되게 올라온 것이 아름다울 뿐만 아니라 군식한 철쭉 위에 고양이를 올려놓아도 나무가 흐트러지지 않게 심었다.

사용된 철쭉은 거의 1,000주 이상 들어간 것으로 기억한다. 이른 봄 공사였는데, 한 달 후에 철쭉에 꽃이 피니 잎은 하나도 보이지 않고 꽃만 보이게 심은 것이다. 감독도 소요되는 철쭉의 양을 보고 놀라 두 번 다시는 그렇게 하라고 하지 않았고 그 기능공이 일할 때는 옆에서 웃음을 머금고 지켜만 봤던 기억이 난다. 지금도 그 빌라 앞을 지나갈 때마다 그 철쭉 군식을 본다. 잔가지가 촘촘히 올라온 것이 보기만 해도 잘 된 군식 처리란 이런 것이라 생각한다.

또 한번은 비탈면에 눈향나무로 피복 식재를 하는 데 두 사람이 식재를 하였다. 한 무더기에 40여 주의 눈향나무를 군식 처리하였는데 20여 무더기를 심었다. 식재가 끝나고 나니 '갑'이 심은 눈향나무의 끝이 살아서 머리를 쳐들고 있는 형상이고 '을'이 심은 무더기는 두루뭉술하게 처리되어 있었다.

눈향나무의 끝이 살아서 생기가 넘치게 심은 형상은 보기만 해도 기분이 좋고 한그루도 하자가 날 것 같지 않으며 금세 무성하게 비탈면을 덮을 것 같은 활력을 느끼게 했다. 그 후 두루뭉술하게 심은 '을'도 상당히 실력 있는 기능인이었지만 생기가 넘치게 심은 '갑'에게 항상 오금을 펴지 못했던 거로 기억한다.

식재할 때, 나무 한 그루 한그루를 어떻게 보고 다루느냐가 똑같은 자재를 주었는데도 이토록 모양을 다르게 표현하느냐 하는 사례라 할 수 있다. 나중에 현장을 가니 심은 눈향나무의 하자는 비슷하게 났으나 끝이 살아 있는 나무의 성장은 훨씬 나아 보였고 몇 년이 지났는데도 실력의 차이를 확연히 느낄 수 있었다.

지금은 철쭉이나 회양목을 군식하라고 하면 그냥 빽빽이 심는다. 그러고 전정 기계(트리밍 기계)로 깔끔히 다듬으면서 모양을 잡는다. 군식 능력이 별로 필요하지 않고, 실력 있게 군식 처리하는 기능인도 많지 않다. 자신이 심은 관목이 어떠한 대우를 받는지 생각하는 기능인이 없는 것 같다. 높게 심은 것이 별로 어울리지 않으면 전정으로 잡으면 되고, 빠른 기간에 많은 물량만 죽이면 되는 시대가 되어 버린 것이다.

이렇듯 조경은 예술이며, 도면으로 표현할 수 없는 부분이 많다. 기능인의 손끝에서 나오는 솜씨에 따라 아름답게 표현되느냐 아니냐가 결정될 때가 많다. 물론 자재의 하나하나가 너무나도 훌륭하여 그냥 던져 놓아도 아름다울 수밖에 없는 고급자재라면 시공하는 기능인의 능력이 별로 중요하지 않을 수 있지만, 현실은 그렇지 않으므로 이런 솜씨 좋은 기능인이 필요하다.

처음 조경 일을 하면 삽으로 나무 심을 자리인 구덩이를 파고, 물을 떠 나르고, 잡일을 하는 것에서부터 시작한다. 조경기능인으로 칼(전정가위)을 차고 다닐 정도로 인정을 받으려면 상당한 숙련이 있어야 한다. 예전에는 목도를 못하고 군식도 잘하지 못하는 사람이 전정가위를 차고 다니면 기술자들이 핀잔을 주곤 했다.

하지만 지금은 조경 밥을 조금만 먹었다 하면 전정가위를 옆구리에 차고 다닌다. 예전에도 전정가위를 차고 다니는 것이 뻐길 정도의 자랑스러운 직업(?)은 아니었을 것이지만 조경기능인은 기술에 대한 자부심은 있었다. 기능인력은 고령화해가는데 신규로 조경 기능을 배울 사람은 없는 현실을 볼 때마다 시공업계의 앞날이 밝지만 않아서 걱정이다.

군식을 잘하던 분의 성함은 홍남의이고 눈향을 멋 떨어지게 심던 분의 성함은 황규식이다. 이 두 사람의 이름을 누가 기억하겠느냐마는 이렇게 기록으로 남겨 고인을 기리고자 한다.

06. 초기의 조경과 학생들

2016. 10. 10.

조경과 초기에 해당하는 70년대 학번들의 이야기를 할까 한다. 그들은 처음이라는 데 자부심이 대단했다. 육사 11기부터 4년제가 되면서 육사 11기가 명실공히 육사 1기라고 하면서 자부심이 대단하여 하나회를 결성하고 전 0환, 노 0우를 대통령으로 만들 정도로 정권을 휘둘렀던 것 같이 73년도 조경과가 서울대와 영남대에 생기고 그 후에 여러 대학에서 순차적으로 조경과가 생겼는데 조경과 초창기 멤버들의 자부심은 대단했다.

그리고 그 후, 조경업계에 미쳤던 영향도 매우 컸다. 70년대 조경에 관한 교제가 귀하던 시절에 '존 오 사이먼스(John O. Simons)'가 지은 《조경학(Landscape Archtecture)》은 조경과 학생이라면 복사판이라도 한 권씩 다 가지고 있었다.

조경이 무엇인지, 개념이나 이념을 알기 위해 밤새 논하던 시절이 있었다. 똑같은 책을 읽어도 서로 간에 조경을 생각하는 개념은 달랐다. 외부공간의 무한적인 확장에서부터 조그마한 소규모 공간까지 전부 우리의 영역인 줄 알고 겁 없이 설쳤다.

그리고 자신의 주장을 펼쳤다. 그때 일반 사람들은 조경이 뭐 하는 것인지 잘 몰랐고 한국에서 조경이란 정의가 모호한 터라 교수들과 막걸리를 기울이며 서로 간에 조경을 주제로 토론했다. 그만큼 자유로운 분위기에서 자신의 주장을 할 수 있었다. 우리는 그러한 주장을 개똥철학(?)이라고 불렀다. '무한한 대화를 통하여 서로의 간격을 좁히자'라는 말이 유행했으니 그때도 요즈음 말하는 '소통'이 매우 중요했던 모양이다.

그때 일화 중의 하나를 이야기하자면 《조경학(Landscape Archtecture)》에 보전(preservation), 보존(conservation), 개조(alternation), 건설(construction), 파괴(destruction)의 개념이 나오는데, 모름지기 조경인이라면 환경을 보전(presevation)이나 보존(conservation)하는데 전념해야 하며 필요하다면 개조(alternation)까지는 용인할 수 있어도 파괴(destruction)까지 가서는 안 된다고 생각했다(졸업생이 없는 상황이어서 조경과 출신이 건설회사에 다니는 사람이 없었으므로 건설(construction)이라는 단어조차도 조경하는 사람들에게는 거부감을 주는 시절이였다).

어쩌면 파괴(destruction)라는 단어는 조경하는 사람으로서는 입에도 담지 말아야 하는 금기어이다. 그런데 어떤 학생이 교수 앞에서 자기가 졸업을 하면 현재의 조경계가 너무 엉망진창이니 불도저로 조경계를 밀어버리고(destruction하고) 새로이 건설(construction)하겠다고 기염을 토했다.

그 후부터 학교에서 교수와 학생 간의 막걸리를 마시는 횟수가 많이 줄었다. 기존의 조경계를 구성하는 사람으로서, 조경이라는 학문을 처음 들여오는데 기초를 닦는데 노심초사한 사람에게 얼마나 가슴에 못 박는 이야기였을까? 지금 생각하면 충분히 이해가 간다. 그렇지만 조경하려는 청년의 눈에는 별로 실력도 없이 초창기의 과일만 챙기는 사람으로 보였는지도 모른다. 조경에 발을 디디는 젊은 사람의 기개는 높이 사야 할 것으로 이해했다.

70년대 초기 졸업생 중에 공부를 더 하고 싶은 사람은 대학원이 있는 조경과가 거의 없었으므로 서울대 환경대학원에 진학한 사람이 많았다. 대학원 시험을 보고 면접장에서 일어난 이야기를 몇 개 전한다.

그때 환경대학원에 재직하고 있었던 교수들은 법학을 전공하였거나, 교통, 정책 등을 전공한 사람이 많아서 식물에 관해서는 잘 모르는 사람이 많았다. 한 면접자에게 당신은 무엇에 관심이 많은지 묻자 식물에 관심이 많다고 했다. 그러자 지금 학교를 오면서 본 수목 이름을 말해보라고 하자 이 학생이 수목의 학명을 100여 개 말했다고 한다. 한마디로 교수를 한 방 먹인 셈이다.

어떤 수험생은 시험문제를 보니 잘 모르겠다는 것이다. 그래서 자기가 잘 아는 문제로 바꾸고 답안을 썼다. 면접에서 왜 문제를 바꾸어 썼느냐고 교수가 묻자 하도 문제가 문제 같잖아 바꿔서 썼다고 답했단다.

또 교수가 대학원에 와서 무얼 배우고 싶으냐고 묻자 당신들에게 배울 게 있느냐고. 나는 공부하러 대학원을 왔지 당신에게 배우러 오지 않았다고 답했단다.

지금 생각해 보면 하룻강아지 범 무서운 줄 모르고 하는 소리다. 이처럼 아는 것은 없어도 자부심과 정열과 패기는 넘쳤다. (이 이야기는 사실과 전혀 다를 수도 있습니다. 그리고 그때 면접을 한 교수들을 모독하거나 비하하려는 생각은 전혀 없음을 밝힙니다. 그냥 조경계에 떠도는 일화로 남기려 하니 관계되는 분들의 너그러운 이해를 바랍니다.)

이들이 졸업하고 취업을 하는 것은 조경에 대한 인식이 별로 없는 시절이니 어려움이 많았다. 조경이 뭐 하는지를 모르니 토목이나 건축과 같이 경쟁하여 여러 회사에 입사하였다. 그리고 일부는 그대로 토목직이나 건축직으로 직장생활을 한 사람도 있었지만, 직장에서 조경직이라는 자리매김을 시작하였다.

다행히 해외 건설 붐이 불면서 조경공사 금액이 큰 중동에 많은 사람이 진출하여 조경에 대한 경험을 쌓았고, 학교로, 공사(公社)로, 설계실로, 대기업으로 흩어져서 취직하고 실력을 인정받아, 직장을 구하는 후배들의 앞길을 열어 주는 데 일조를 하였다.

하지만 직장인이란 기성세대에 편입된다는 것을 의미하는 것. 학창시절의 기백으로 사회생활을 좌지우지한 분들은 별로 많지 않은 것 같다. 역시 기성세대의 벽은 장구하게 높아서 단숨에 자신의 세상으로 만드는 일은 힘이 드는 모양이다. 이러한 과정을 거치며 조경이 발전하고 지금의 상태에 이르렀다.

지금 많은 조경인들이 조경이라는 이름으로 세상에 쏟아져 나오는 세상이 되었다. 전보다 훨씬 다양한 지식으로 무장한 인재들이 나오지만, 예전의 낭만과 철학을 논하며 밤을 새는 멋은 많이 줄었다. 그만큼 조경 분야도 정립이 되고 세련되었다고 할 수 있다.

하지만 조금 돌이켜 보면 우리나라만큼 조경이 왕성하게 번성한 나라도 드물다. 이런 분위기로 지속한다면 세계의 조경을 주도할 이론이 한국에서 나올 만도 한데 말이다. 입시를 앞두고, 배짱 있고 기개가 넘치는 고등학생들이 조경과를 많이 지망하여 더 훌륭한 조경인들이 많아지길 기대하여 본다.

07. 제2의 창작 행위

2018년

조경을 시공한다는 것은 수목을 어떻게 심고, 조경시설물을 어떻게 배치하느냐이다. 주어진 자재를 가지고 도면대로 시공하면 되지 시공이 무슨 대단한 일이냐고 하는 사람도 있다. 그리고 기능인력이 일하는 것이지 조경 시공 소장이 하는 역할은 별로 없지 않으냐고 반문할 수 있다. 틀린 말은 아니다. 하지만 맞는 말도 아니다.

그러면 과연 무엇이 정확한 말인지 의문은 남는다. 왜 같은 도면인데 최고의 건설사가 시공하는 것과 동네 집 장사꾼이 공사하는 것과 다를까? 집 장사꾼이 불러서 쓰는 기능인들의 기능성이 뒤처져서일까? 소장이 자재를 저급한 것을 사용하고, 도면에 있는 것을 빼서 부실시공을 하니 조그마한 공사업체가 시공하는 것이 품질에서 차이가 날까? 그렇지 않은 조그마한 업체도 많은데….

특히, 조경식재공사에서 사용하는 나무(그 나무가 잘 생겼든 못생겼든)는 이 세상에서 그렇게 생긴 나무는 그 한그루밖에 없으므로 자재에 따라서 품질의 차이가 크게 나니 도면으로는 어떻게 품질의 균일화를 꾀하기가 힘들다. 그러니 제대로 된 자재 구매와 시공을 더욱 요구한다. 누구는 돈을 많이 들이면 좋은 조경을 만들 수 있다고 한다. 역시 틀린 말은 아니다. 하지만 돈으로 할 수 없는 시공 실력은 존재하고, 시공자의 능력에 따라 엄청난 차이를 보여준다.

어떤 공간에 이미 있는 소재(Ready made materials)를 배치한다는 것은 아주 쉬운 일인 것 같으나 정교한 제2의 창작 과정이다. 누가 만들어 놓은 엘리베이터 벽을 다시 칠한다는 것도 제2의 창작이다. 지하주차장의 동 호수 표시의 글씨체, 글씨 색깔, 글씨 크기, 위치 등을 도면에서 규정할 수 있다. 도면이 제대로 표현했다면 시공자는 그대로 하면 된다.

그러나 100% 도면대로 하는 경우를 본적이 별로 없다. 빠진 부분이 있어 다시 보완하고 글씨의 크기를 바꾸고 위치도 바꾼다. 충분히 도면으로 할 수 있는 지하주차장의 sign board도 시공하면서 바뀌는 경우가 허다한데, 정형품이 아닌 수목으로 한 공간을 표현한다는 것은 시공자의 상상력과 공간을 이해하는 능력이 없으면 어려운 일이다. 그러니 시공자는 도면을 보고 공사를 하지만 자기 나름의 창작을 하지 않을 수 없다.

시공자는 작게는 아파트의 입구, 조금 넓게 펼쳐진 광장, 아파트 단지, 가로, 도시 등의 공간을 도면을 봐 가면서 자신에게 주어진 개성이 없는(Ready made) 자재를 도면에 의하여 display 하면서 창작 작업을 한다. 얼마나 위대한 일을 하는지 자신은 잘 모르면서 열심히 공간을 채워 나간다.

특히, 도면이 부실하면 마음대로 상상의 나래를 펼치면서 공간을 완성한다. 적재적소에 배치야말로 가장 기본이 되는 요소이다. 이 배치가 이루어지면 잘잘못을 사람들이 논평한다. 자신의 눈으로, 몸으로 사용하면서 평가한다. 이 평가는 공공시설 대부분이 그러하듯 비슷하다. 내 눈에 어딘가 모르게 좋게 보이지 않으면 잘못된 배치일 경우가 많다.

우리의 행동반경이 닿고 우리가 가지고 있는 시야가 미치는 범위 즉, 구성(frame) 안에서 아름답고, 편리함을 논한다. 공사의 범위는 상당히 넓으나, 소나무의 군식, 총림 식재, 가로수 식재, 관목, 지피류의 패턴, 연못, 그늘막, 어린이 놀이터, 조경석 쌓기 등 하나하나가 독립된 공간으로 우리의 시야에는 화가가 그림을 그린 캔버스의 틀(frame)과 비슷하다.

공간이 이렇게 frame 속의 화폭처럼 우리 눈에 보이며 이러한 요소들이 잘 되었느냐에 따라 시공자가 구현해 놓은 전체 공간의 평가는 달라진다. 시공자는 때로는 3차원의 공간을 그림을 그리듯 조경물을 배치하기도 하고, 때에 따라서는 조각물을 놓듯 입체적으로 창작한다.

우리는 조경석을 쌓을 때 그냥 쌓는 것보다 때로는 중간에 큰 돌을 삐쭉 앞으로 튀어나오게 쌓아 파격을 주기도 하고, 호박돌을 붙일 때 큰 호박돌을 박아 질서를 깨뜨려 아름다움을 구현한다. 소나무를 심을 때도 중간에는 키가 큰 나무를 심고 뿌리 부분은 모이게 심어서 형태가 부챗살을 펼쳐 놓은 형태를 구사하여 아름다운 균형미를 추구한다. 관목과 지피류를 심을 때 자수를 놓은 것 같은 패턴을 만들거나, 여러 소재가 뒤섞여 자연의 들풀들이 자연 상태에서 피어 있는 듯한 형태를 만들어 놓은 것을 볼 때 시공자의 고단한 노고를 느낀다.

왜냐하면, 도면으로는 표현하는 데 한계가 있는 것을 시공자의 예술적 감각으로 창작을 할 때 최상의 형태가 구현되기 때문이다. 또 조경은 시간에 따라 변화한다. 소재인 나무란 시간이 흐르면 형태가 변한다. 이 변화하는 것을 예측하고 공간을 구현하는 시공자는 훌륭한 시공자라 칭송받는다.

공동주택의 입구에 심어진 잘생긴 원추형의 주목이 시간이 지나면서 주위의 낙엽수가 자라나 주목은 그늘 속에 묻히게 된다. 주목은 처음 시공할 때 기백을 잃고 꽁지 빠진 수탉의 형태로 앙상한 가지에 삐쭉삐쭉 나온 잎을 가진 처량한 신세로 서 있게 된다. 이러한 꼴을 보여주려 집 입구에 주목을 심지 않았으나 우리가 만든 공간이 추한 모습으로 전락할 때 작업을 한 시공자는 부끄러워진다.

백화가 부옇게 핀 계단, 가동되지 않아 쓰레기만 잔뜩 쌓여 있는 연못, 하루에 시간이 두 번 맞는 시계탑, 못이 탈락하여 삐걱거리는 bench, 언제 쓰러질지 몰라 밑에 앉기 불안한 그늘막, 이런 방치된 것들이 시공자의 마음을 아프게 한다.

시공자가 아름답게 만들려고 얼마나 노고를 아끼지 않았는가? 조금만 유지관리를 잘해도 저 지경은 되지 않을 텐데…. 자신의 집은 저렇게 놔두지 않을 진데, 공공의 것은 이토록 무심할까?

잘 정돈되고 싱싱하게 자라는 나무, 시간이 흘러 낡았으나 고풍의 정취가 물씬 풍기는 공원의 벤치, 이런 공간이 우리를 사색(思索)하게 한다. 그 의자에 앉아 주위의 아름다운 풍경을 구경하는 사람을 보노라면 이런 공간을 창작한 자는 어떤 마음가짐으로 이런 공간을 구현했을까? 처음 만들었을 때는 이렇지 않았을 텐데, 이런 공간으로 발전할 것을 예상했을까?

시간의 흐름은 조경에 아름다움을 배가시키기도 하고, 꼴 사나운 공간을 보여주기도 하지만, 나무는 크고 오래될수록 아름다움을 더하는 경우가 많다. 이것이 자연 소재가 주는 지구의 축복이 아니겠는가? 사계절이 있는 우리나라의 봄, 여름, 가을 그리고 겨울은 우리에게 축복이자 시련이다.

봄의 나른함, 여름의 무더움, 가을의 쓸쓸함, 겨울의 찬바람, 봄의 연둣빛 신록, 여름의 시원한 나뭇잎, 가을의 불타는 단풍, 겨울의 설경. 이 모든 하나하나가 무엇과도 바꿀 수 없는 자연의 조화이자 조경의 소재다. 시공자는 이것을 최대한 이용하여 공간을 창작한다.

시간의 흐름을 이용하는 창작, 어떤 직업의 사람도 할 수 없는 작업을 하는 사람의 기쁨은 아무나 누릴 수 있는 축복이 아니다. 계절의 변화에 따른 온도의 변화는 우리의 창작을 더욱 변화무쌍하게 하는 요인이다. 가지가 앙상한 나무에서 새잎이 나고, 무성하게 자라고, 꽃이 피고, 열매가 열리고, 온도가 떨어지면 낙엽이 지고, 이런 변화를 소재로 삼고 창작 작업을 할 수 있는 직업이 얼마나 될까?

멍청한 사람은 '어휴, 머리 아파!' 이러한 것을 어떻게 다 계산하면서 살아가느냐고 하겠지만 조경 시공이 바로 이러한 것이 아니겠는가? 정성을 들이면 시간이 조화의 요술을 부려 우리의 창작물을 더욱 풍요롭게 한다. 저절로 물 흐르듯 자연의 이치를 터득하여 창작하는 것. 체득하면 계산하지 않고 손만 벌리면 가화(假花)가 아닌 진화(眞花)가 활짝 피는 작업이 시공이 아닌가?

대부분의 시공 소장들은 자신이 하는 행위가 예술가의 창작 행위보다 더 위대한 작업을 하는지 잘 못 느낀다. 화가는 겨우 frame이 주어진 화폭에 자신의 모든 예술적 정열을 쏟아붓고, 조각가는 차가운 금속이나 돌덩이를 안고 씨름한다. 음악가는 소리로 대결한다. 그래서 미술은 공간적이고, 음악은 시간적이라고 하질 않는가?

조경 시공을 한다는 것. 우리는 당연히 공간과 시간을 다 같이 만지는 행위를 하지 않는가? 그것도 고정된 것이 아니라 변화하는 것을 미리 염두에 둔 창작활동이다. 조경으로 만들어진 공간과 그 속을 스치고 지나가는 바람 소리. 저 나무가 자라 큰 그늘을 만들고 화려한 꽃과 탐스러운 열매를 가져다주는 것을 상상하며 구현하는 창작 행위가 조경의 시공이라는 것이다.

무위(無爲)의 위(爲)가 구현되는 창조를 한다는 것에 자부심과 기쁨을 가지면서 한 그루의 나무를 심고 시설물에 돌 하나를 놓는 일을 하면 100배의 다른 복합적인 자연이 주는 창작이 일어난다. 그렇게 생각하면 노고는 기쁨으로 바뀌지 않을까 싶다.

4장

식물

01. 식물의 꽃

1991. 9. 5.

자칭 사진작가를 꿈꾸는 친구가 있다. 특히, 꽃을 좋아한다. 봄이 되면 이 친구는 꽃을 찍기 위해서 일본까지 갔다 올 정도의 열성을 보였다. 조경하는 나에게 어떤 꽃이 언제 피느냐고 종종 묻는다. 참으로 어려운 질문이다.

봄꽃은 개화 시기가 짧다. 남쪽에서는 언제부터 매화꽃이 피고 벚꽃이 서울에 언제 필 것이라고 일기예보 시간에 이야기한다. 나는 이 예보를 별로 믿지 않는다. 대충은 맞겠으나 국지적으로 들어가 보면 맞는 경우를 별로 보지 못했다. 서울 여의도 윤중로에 언제 벚꽃이 만개할 것이라는 보도를 보고 그곳을 지켜보면 벚꽃이 피지 않았거나 이미 꽃잎을 휘날리는 것을 종종 봐왔다.

온갖 장비를 다 갖춘 기상예보가 이러한데 하물며 조경업자인 내가 서울에서 그것도 순창에, 진해에 올해 벚꽃이 언제 필지를 어떻게 알겠는가? 일본에서는 벚꽃이 언제 개화할 것인지 맞추는 경품대회도 있다지 않은가? 벚꽃, 산수유, 개나리, 목련의 개화 시기를 맞추기는 난망하다. 터질 듯한 꽃봉오리가 좀체 열리지 않는다. 하지만 하루이틀사이에 모든 상황은 변하여 언제 피었냐는 듯 꽃은 화사하게 피고, 이윽고 지는 꽃잎을 휘날리고 있는 것이 자연의 이치이다.

그러나 여름이나 가을의 꽃은 꽃이 피는 기간이 비교적 긴 편이다. 그래서 꽃이 피는 시간을 이야기하기도 편하다. 대충 이야기해도 꽃이 피는 시기가 맞다. 꽃이 피어 일주일은 보통 갈 뿐 아니라 심지어 100일간 꽃이 피어있다는 백일홍에 초화류로는 1,000일간 꽃이 있다는 천일홍도 있지 아니한가?

무궁화는 피기 시작하면 매일 나무에 가득 피어 있는 것 같고(무궁화는 꽃이 하루가 지나면 지고 다른 꽃이 피는데 꽃이 오래도록 피어있는 것 같이 착각을 하기 쉽다.) 봄에 피는 덩굴장미는 1년 중 봄에 1회만 피지만 이와는 달리 보통 장미라면 봄에서 가을까지 끊임없이 피고 지지 않는가? 그래서 우리는 사계 장미라고 이름을 붙여 팔기도 한다.

조경공사의 기본은 식재 공사이다. 이 분야는 타 분야에서 넘볼 수 없는 영역이다. 식재 공사의 주 대상은 식물이다. 푸르지 않은 식물은 식물이 아니(?)라는 말이 있을 정도로 식물은 푸르름을 상징한다.

모든 식물이 푸르다 보니 변격에 속하는 붉은 잎을 가지고 있는 홍단풍, 노란 잎을 가진 황금 주목 등을 양념으로 푸르름 속에 사용한다. 하지만 그 식물들도 기본은 푸르름을 가지고 있다. 그래서 조경식재가 잘된 곳은 푸름의 천지다. 그러다 보니 식상하다. 그래서 우리는 이런 파격의 식물(황금편백, 홍단풍, 자엽자두, 은청가문비 등)을 좋아하는지도 모른다.

또 식물의 가장 아름다움은 푸르름 속에 박혀 있는 꽃이다. 이 지구상에서 생식기가 이렇게 아름다운 존재는 식물 외에는 없을 것이다.

이 푸름에 화룡점정(畵龍點睛)을 해 줄 꽃이야말로 조경가들이 쓸 수 있는 최대의 무기다. 이 꽃들을 푸름에 제대로 수놓을 수 있는 설계가는 천재다. 그래서 많은 디자이너는 어떻게 하면 자신이 디자인한 정원에 꽃이 끊이지 않게 설계할 것인가를 고민한다.

어떻게 해야 꽃이 필 때 그 아름다움을 극대화하여 배치할 것인지 고민한다. 쉬운 것 같으나 쉽지가 않다. 하지만, 어려운 것도 아니다. 많은 식물을 배합만 잘하면 꽃이 빈약한 계절에도 꽃처럼 표현할 수 있는 소재는 많다. 그리고 봄, 여름, 가을, 제철에 꽃이 피는 식물들도 많이 있다. 어떻게 배치하고 어떻게 연출하느냐가 조경가의 몫이다.

여기서 꽃을 분류하는 상식에 대해 초보자를 위하여 책에 있는 이야기를 간략하게 설명할까 한다. 이 글을 읽어줄지도 모르는 일반인을 위하여…. 꽃은 전년도에 꽃눈이 생겨 화아분화가 되었다가 이듬해 피는 것과 그해에 꽃눈이 생겨 꽃이 피는 것으로 크게 나눌 수 있다.

전년도에 꽃눈이 생겨 꽃이 피는 식물은 3가지로 나눌 수 있는데, 이 글을 읽고 자세히 관찰하면 느낄 수 있다. 남들 앞에서 꽃에 관한 지식을 자랑 할 수 있다.

첫째, 꽃이 먼저 피고 잎이 피는 식물들이다. 주로 가장 일찍 피는 꽃들인데 목련, 산수유, 개나리, 벚꽃, 매화, 진달래, 생강나무 등이 이러한 꽃에

매화, 개나리–꽃이 먼저 핀다

벚나무-꽃이피고 잎이 핀다

목단-잎이나고 꽃이 핀다

라일락-줄기가나고 잎이난 후 꽃이 핀다

해당한다. 이른 봄에 꽃이 피고 봄을 가장 먼저 알리는 꽃이다.

둘째, 잎이 피고 꽃이 피는 부류가 있다. 이는 조금 늦은 봄철에 피는 꽃인데 명자나무, 모과, 모란, 연산홍 등이 속한다. 잎이 나면서 꽃이 피니 신록이 연두색으로 나오려고 할 때 꽃이 핀다. 만춘(晩春)을 알리는 꽃소식이다. 푸른 잎이 꽃을 받쳐주니 꽃이 더욱 돋보이는 경향이 있다.

셋째, 줄기가 나오고 잎이 나고 꽃이 피는 부류인데 봄철에 가장 늦게 꽃이 피는 부류이다. 수수꽃다리, 감나무, 목백합, 회

화나무가 이러한 부류에 속한다. 늦은 봄에서 초여름에 피는 꽃도 이에 속한다. 봄철의 꽃 잔치가 한바탕 지나가고 천지에 푸름이 가득한데 꽃이 피니 사람들의 시선이 약간 무뎌져 있을 때 피지만 그래도 주목을 받을 만하고 아름답다.

이 3가지 꽃 피는 부류는 반드시 그 전 해에 화아분화가 되어 겨울을 보내야(꽃눈이 추위를 거쳐야, 춘화처리가 되어야) 꽃이 필 수 있는 식물이다. 그러므로 겨울의 추위가 지나가지 않으면 꽃이 피지 않는다. 꽃눈은 대개 장마철 전후에 형성되므로 가을철에 전정을 잘못하여 꽃눈을 다 잘라 버리면 그 이듬해에 꽃을 보기가 힘들다.

마지막으로 그해에 자란 가지에 꽃눈이 생겨 꽃이 피는 식물들이 있다. 주로 늦은 봄부터 가을까지 피는 꽃으로 목 백일홍, 장미, 무궁화 등이다. 이 식물들은 영양 상태만 좋으면 수형을 보기 좋게 전정을 하여도 새로이 자란 가지에서 꽃들이 잘 핀다. 그러니 이런 식물은 전정을 너

장미–그 해 난 가지에서 꽃이 핀다

무 과하게 하는 경향이 있다. 결코, 나무에 좋은 일이라고는 할 수 없는 데 말이다.

식물의 이러한 속성만 알아도 식물의 개화 시기와 성장하는 모습을 이해하는 데 유용하며, 식물을 가꾸는 데 도움이 된다. 이 글은 식물이 꽃 피는 시기에 관하여 관심이 있는 분들이 읽고 도움이 되었으면 하는 마음에서 기록으로 남기며, 조경전문가들에게는 상식에 속하고 더 많은 것을 알고 있으므로, 꽃에 대하여 관심이 많은 분은 조경가들과 관계를 잘 유지하면, 우리의 산천에 피는 꽃들에 대하여 심도 있는 지식을 쌓으리라 생각한다.

배롱나무–그해난 줄기에서 꽃이핀다

02. 외래종에 대한 소회

한국조경신문. 2013. 3. 27.

새 정부가 들어서고 미래창조과학부가 새로이 생겼다. 부처의 장관으로 미국 국적을 가지고 미국에서 성공한 사람이 지명되었다가 외국 국적을 가진 자가 우리나라의 장관이 될 수 있느냐는 논란에 휩싸인 적이 있다. 결국, 장관으로 지명을 받은 자가 자진해서 사퇴하여 일순간의 해프닝으로 끝났지만, 그 광경을 지켜보던 사람으로 씁쓸함을 금할 길이 없다.

중국의 진나라가 다른 나라 출신의 유능한 인재를 고용하여 부강하게 되자 자국의 인사들이 다른 나라 사람은 믿을 수가 없으니 쫓아내야 한다는 축객론(逐客論)이 일었다. 이때 진나라 재상인 이사가 '간진왕축객서(諫秦王逐客書)'라는 글을 진시황에게 올리므로 그러한 움직임을 잠재우고 각 나라의 인재를 받아들여 천하 대업을 이루는 기틀을 마련한 사실을 역사는 보여주었다.

세계로 보면 우리나라에 있는 인재는 지방의 호족일 뿐이다. 이런 판국에 호족들이 설쳐 인재를 못 받아들이는 것이라면 한심한 작태라 하지 않을 수 없다. 우리도 조경수를 심을 때 발주자로부터 '한국의 전통(고유)수종으로 심어 주세요'하는 주문을 종종 받는다. 이때마다 내가 알고 있는 지식의 짧음에 놀란다.

사실 우리가 자주 심는 나무들이 전통수종인지를 잘 모르기 때문이다. 은행나무가 우리의 고유 수종인가? 느티나무는? 우리의 국화인 무궁화가 야산에서 자생하는 것을 본 적이 없는데 우리의 고유한 수종이 아닌 것은 아닐까? 이런 물음에 직면하면 고유 수종이라고 할 수 있는, 심을 수 있는 나무가 얼마나 있을까?

언제부터 우리 일상에 심어진 나무가 전통수종인가? 한국의 고유수종이라는 정의는 무엇인가? 옛날부터 우리의 산야에 자생하고 있는 나무가 고유수종이라면 옛날의 정의는 언제부터인가?

외국계 한국인이 장관으로 추천이 되었을 때, 이젠 우리도 문호를 개방하여 외국인이라도 우리가 필요하면 써야 진정한 국제화가 되고 우리의 발전이 이루어질 수 있지 않으냐? 쇄국의 길을 걸은 조선의 말로가 어떠했느냐? 아니, 한국에 그렇게 인재가 없느냐? 미국 국적을 포기도 하지 않는 사람을 그 자리에 왜 임명하려고 하느냐? 그자는 미국의 스파이다. 등등... 黑猫白猫論(흑묘백묘론)에서 인신공격까지 온갖 주장이 난무하였다. 각자의 주장마다 일리는 있다.

우리가 일상에서 보고 있는 여러 수목과 풀들. 어느 것이 우리에게 이롭고(?) 어느 것이 환경을 해치는가? 이롭다는 것은 무엇이며, 환경을 해친다면 그것은 무엇을 의미하는가? 생물이란 원래 어떤 환경에 처하면 살아남으려고 발버둥 치며 생존경쟁을 하는 것이 아닌가?

그리고 시간이 지나면서 새로운 환경에 적응하고 정착하면 이것이

천이이고 지구의 역사이지 않겠는가? 미국자리공은 안되고 쑥부쟁이는 괜찮고, 상수리나무는 되고 대왕참나무는 외래종이라 심지 말아야 하고, 금송은 일본사람이 좋아하기 때문에 아산 현충사에 심으면 안 되고 중국이 원산지인 은행나무는 현충사에 거대하게 버티고 서있어도 되고….

모든 게 어렵고 혼란스럽지만 분명한 사실은 현재의 상태를 너무 급격하게 변화시키는 것은 좋지 않다는 것은 명백하다. 우리 근대사가 그러하지 않았는가? 해방 이후 갑자기 신 사상이 몰려드니 많은 국민이 혼란스러워했고 나라는 혼돈 그 자체였다. 백가쟁명(百家爭鳴)이 따로 없었다. 나라가 잘되려면 자본주의만 살길이다. 공산주의로 가야 한다. 미국을 따라야 한다. 삼균주의가 어떻다.

물론 한바탕 뒤집히기를 원하는 무리도 있겠지만 이러한 격동은 절대 바람직하지 않은 현상이다. 우리가 안정을 취하는데 상당한 세월을 소비해야만 했다. 그리고 많은 희생을 치러야 했고 그 상처를 치유하기 위해 지금도 과거사 진상규명이니 ○○사건의 복권 재판이니 하며 잊힌 듯한 사건들에 기운을 쏟고 있지 아니한가? 천천히 받아들이고 감당할 수 있게 변화해야 조화롭게 발전한다는 것이 진리이다.

우리의 국토를 금수강산(錦繡江山)이라고 불러 왔다. 오랜 세월을 거쳐 식물과 자연이 잘 어우러져 짜임새 있게 구성되어 있다는 뜻일 것이다. 이렇게 아름다운 곳에 외래 식물이 들어와서 금수강산을 발칵 뒤집어 놓는 일은 절대 바람직하지 않다. 하지만 변하지 않는 상태로 유지된다면 그 또한 우리가 바라는 바는 아니다.

이미 국제화의 길로 들어선 현대에서 우리의 고유한 수종으로만 한반도를 가꾸는 것은 불가능하다. 밀물이 밀려오듯 들어오는 외래수종을 어떻게 유효 적절히 사용하여 더 나은 환경을 만드느냐가 조경인들이 해야 할 과제이다. 생태를 교란하지 않고 점진적인 변화를 추구하면서 더 나은 경관도 창출할 수 있는 수종 도입이야말로 조경 발전의 관건이다.

도입한 여러 외래식물과 황소개구리, 대형 쥐 뉴트리아, 붉은귀거북 등이 우리의 산천을 교란하여 문제를 일으키고 있다. 한번 자연계에 퍼진 종들을 없애는 것은 거의 불가능에 가깝다. 문제의 소지가 되는 생물을 도입할 때도 신중하여야 하며, 이미 퍼져 문제가 되는 종들을 어떻게 관리해야 할 것인가에 관해서도 전문가들의 연구와 대책이 필요하다. 필요에 의해서이건 잘못된 경로를 통해서이건, 이미 우리의 자원이 된 것은 어떻게 관리를 해야 할 것인가에 대한 책임은 우리에게 있는 것이다.

대왕참나무 가로수

길가에 시원스레 뻗어 늘어선 메타세쿼이아나, 대왕참나무를 보면서 왜 우리 산하에는 저렇게 늘씬한 수목들이 별로 없을까 하고 자문해 본다. 이렇게 이국적이면서 때로는 멋있게 보이는 나무들이 우리의 정원과 공원에 중요한 요소로 자리 잡고 있다. 이들의 자리를 대신할 우리의 고유수종은 없을까? 왜 굳이 고유수종으로 이 나무들의 자리를 빼앗아야 할까? 아니면 이 나무들이 우리의 경관을 해치고 생태계를 교란하고 있는 것은 아닐까?

메타세쿼이아

이미 우리의 조경 소재로 한 부분이 되어버린 식물들을 받아들이지 못하는 것은 우리가 아직 성숙하지 못한 것일까? 이들은 한반도의 토종과는 이질적이므로 다르게 취급해야 하는 것은 당연할까? 어느 현장에서 대왕참나무와 메타세쿼이아가 우리의 고유수종이 아니라고 교체할 것을 요구받으며, '세월이 약이겠지요'라는 유행가 가사가 떠오른다.

03. 나무의 미

2013. 6. 17.

어떤 나무가 아름다운 나무인가? 잘생긴 나무는 어떤 나무를 말하는가? 참으로 어려운 문제다. 길을 가다가 저 나무 잘 생겼다는 말을 우리는 종종 한다. 하지만 어떻게 아름답냐고 물으면 참으로 난감하다. 명색이 학교 다닐 때 미학을 배우고 나무를 근 30년 이상 다룬 사람이 이런 문제에 봉착하면 참으로 이야기하기 힘들다.

예전에는 잘 다듬어진 향나무, 주목, 섬잣나무 등을 보면 사람들은 이구동성으로 아름답다고 했다. 부잣집의 마당에 이런 나무가 당연히 가장 주요한 공간에 자리 잡는 것은 당연하고, 그 나무에 들이는 공도 대단하여 매년 봄철에 전정하고 거름도 주면서 가꾸어 왔다.

학교 교정본관 앞에 향나무가 한그루 있었는데 자태가 아주 좋았다. 높이는 2층 건물보다 높았고 뭉게구름이 피어오르는 형상을 한 나무였다. 대학 등록금이 10만 원 하던 시절에 모 정치가가 4억이라는 거금을 주겠다고 했지만 팔지 않은 나무였다. 누가 봐도 감탄을 자아내는 귀공자를 닮았다고 생각했다.

원추 형태로 전정한 주목나무

이렇듯 향나무는 나무를 좋아하는 호사가들에게는 꼭 한그루를 자기 집에 가져다 심어야 하는 나무가 되었지만, 요즈음은 향나무에 대한 수요가 그렇게 예전 같지는 않다. 물론 수형이 아름다운 나무가 시중에 나오는 것이 적어서 그런 탓도 있겠지만. 붉은별무늬병의 중간 숙주니 하여 배척하는 바람에 오히려 재배조차 할 곳을 잃어 간다. 관리비도 많이 들어서 당연히 심기를 꺼리는 사람도 많아졌다.

일본강점기에는 적송망국론(赤松亡國論)이라 하여 산에 소나무가 많으면 나라가 망한다고 했다. 땅이 황폐하면 가장 먼저 들어오는 교목 중의 하나가 소나무라는 사실은 잘 알고 있다. 예전엔 집안에 소나무를 심으면 벌레가 많이 생기고 땅이 산성화하여 소나무 밑에는 아무것도 할 수 없다고 심지 않는 경우가 많았다.

이렇듯 천덕꾸러기였고 우리 산야를 뒤덮었던 소나무는 산림녹화 덕분에 잘 자라 지금은 조경수 중 최고의 조경수로 한몫하고 있다. 처음 소나무 심을 때는 꼬불꼬불한 수형을 많이 심었으나 지금은 쭉 곧게 뻗은 장송을 많이 심고 있다. 아파트가 고층화되니 이렇게 아름다움을 보는 눈도 변한다.

활엽수도 우리 주거 문화가 단독주택이 대부분일 때는 마당에 심는 나무로 유실수가 많았다. 하지만 유실수는 장점도 많지만, 그 열매를 수확하지 않으면 그 자체가 쓰레기가 된다. 경복궁엘 가면 경회루 앞에 거대한 뽕나무가 있다. 좋기는 하지만 열매인 오디가 떨어질 땐 그 밑의 벤치에 앉을 수가 없다.

그래서인지 현재는 화목류를 많이 심는 것 같다. 자귀나무는 꽃은 좋지만, 수형이 불규칙하여 조경수로 좋지 않다고 수목학 시간에 배운 기억이 있다. 지금은 이 자연스러운 수형이 오히려 더 좋다고 호평을 한다. 거대한 사각 빌딩이 도시를 메우고 있는 지금 자연스러움에 대한 향수랄까 우리의 미를 보는 기준은 이렇게 달라졌다.

왜 이 짧은 기간에 단정하게 정리된 나무를 아름답다고 하다가 자연스러운 수형을 가진 나무들이 아름답다고 유행이 바뀌는지 혼란스러울 때가 많다. 잘 다듬어 심어진 주목, 아기자기하게 꾸며 놓은 자수화단의 정원은 유치하다고 하면서, 기성의 아류로 폄하하고 디자인 축에도 끼지 못한다. 또 황량한 들판에 나무 한 그루 없이 말뚝만 몇 개 박아놓은 조경이 대가의 작품으로 아름답다고 칭송한다.

어쩌면 현대는 진정한 아름다움보다 일상에서 일탈한 아름다움을 추구하고 있는 것은 아닌지, 잘 부르는 노래보다는 온갖 몸짓과 욕설과 비어가 난무한 노래가 음원 순위를 주름잡고 있듯….

파격과 자연스러움, 서양의 조경에서 탈피한 한국적인 것이 아름답다는 세상이다. 나무가 아름답다는 것에 동서양의 차이가 있을까? 자연스레 자란 나무는 그 자체가 아름다운 게 아닐까? 플라타너스와 아까시나무는 과연 우리의 정원에 심으면 안 되는 나무인가?

아름다운 나무에 대한 정의가 있다면 무엇이 그렇게 규정하는 것일까? 중부지방의 원래 우점종인 참나무를 산채(山採)해 와서 아파트에 심는 것이 한국적 조경의 구현인가? 조경하는 사람으로 영원한 숙제이다.

04. 수목 위령제를 지냅시다

한국조경신문. 2013. 10. 22.

곧 조경주간이 다가온다. 조경주간 동안 여러 가지 많은 행사가 열린다. 그 기간 우리가 봄철부터 많이 심어온 수목에 대하여 생각해 보는 시간을 가졌으면 한다. 즉, 우리가 심은 나무가 얼마나 많이 살아서 잘 자라 우리의 환경을 풍성하게 하며 또 얼마나 많은 나무를 옮겨 심어 죽는가에 대하여 자성을 하는 시간을 가졌으면 한다.

조경공사의 기본은 식재 공사다. 이 부분은 다른 건설 공종과 겹치지 않고 조경에서만 하는 유일한 분야다. 잘 식재된 수목은 도시 생활에서 인간의 생활을 진무한다. 하지만 좋은 목적으로 옮겨 심은 나무들이 많이 죽는다. 나무가 죽는 원인은 토양, 배수, 온도, 공해 등이 맞지 않는 이유로 생명체가 가지고 있는 특성상 어쩔 수 없는 현상이다. 생명체라는 것은 모질어 잘 죽지도 않지만 잘 살리기도 어려운 존재이지 않은가?

식재 공사를 위주로 하는 업체들은 조경수 하자에 대하여 골머리를 앓고 있다. 어떻게 하면 나무를 죽지 않게 할 것인가? 회사의 이익과

존립에 중요한 요소이기 때문이다. 많은 경험과 지식으로 대처해도 기후변화와 식재 환경의 다양화로 하자는 좀체 줄고 있지 않다. 예전에는 잘 처방하지 않았던 식물을 잘 살게 하는 약제, 식물을 살리는 여러 가지 식재공법 등의 기술이 현재는 잘 발달했다. 그럼에도 조경수는 여전히 죽음을 향해 더 빨리 달리고 있어 하자율은 여간해서 줄지 않고 있다. 하자율을 달성(?)하려 목표를 정해놓고 열심히 노력해도 영원히 따라잡을 수 없는 숫자인지 까마득하다.

수목의 하자 책임에 대하여 조경업체가 잘못 심어 죽는 경우도 있지만, 관리 잘못으로 하자가 나는 경우도 많다. 그래서 하자 책임에 대한 제도를 고쳐야 한다는 등 하자를 이행하는데 문제점에 대하여 여러 의견도 있었고 세미나도 열어 하자의 문제점 및 줄이는 방법에 대하여 지금까지 논의도 많았다. 그래도 죽는 나무는 생기는 법, 그동안 수목의 하자에 대해 조경인들은 너무나 일방적으로 당했다는 생각을 가지고 있으며 좀 더 하자책임을 면해 보려고만 발버둥 치지는 않았는지 반성도 해본다.

하자의 문제점에 대하여 조경인만 고뇌하고 연구하여 타 분야의 사람은 이 문제의 심각성에 대하여 모른다는 생각이 요즈음은 종종 든다. 이미 하자에 관하여 많은 연구가 진행되었고, 완벽하지는 않지만 문제점의 해결을 위해 결론이 난 사실도 많다. 그러나 엄연히 하자가 아닌 사실도 하자로 치부되는 것은 일반인들은 조경인이 자신의 잘못을 자기들에게 떠넘기려 한다고 생각하고 있는 것도 현실이다.

조경수 하자를 줄이기 위해 연구를 발전시키고, 타 분야의 이해를 구하고, 하자를 줄이는 방법도 홍보하고, 그동안 우리가 죽인 수목을 위안하고, 나무를 죽인 조경인들의 죄책감(?)을 들어 주기 위해 지금까지 시행하던 '조경주간' 동안 '수목 위령제'를 지내는 행사를 하였으면 한다.

조경주간이란 조경인들의 축제의 장이다. 한해를 되돌아보면서 반성도 하고 잘된 일에 칭찬도 하는 자리인 만큼 '수목 위령제'도 똑같은 성격으로 진행했으면 한다.

1년 동안 죽은 수목의 영혼을 진무(賑撫)하는 제사를 지내는 것이다. 제사상을 마련하여 제문도 읽으며 죽은 수목을 위로하고 아울러 여러 가지 이벤트도 개최하는 것이 어떨까 제안해 본다. 무용수나 음악 하는 사람을 불러 죽은 수목의 영혼을 위로하는 신나는 굿판도 벌이고, 하자를 줄이기 위한 신기술을 소개하고, 수목을 잘 가꾸기 위한 세미나도 개최하여 여러 사람의 동의도 구하는 대대적인 행사를 벌이면 어떨까.

농약 회사도 참가시켜 수목 하자의 원인이 되는 병충해를 방제하는 약도 홍보할 기회의 장으로 마련하고, 10월이면 예전에 산림청에서 대대적인 행사를 벌였던 '육림의 날' 행사와 연계하여 나무를 키우는 독림가(篤林家)도 동참시켜 나무를 키우는 여러 가지 노하우를 발표시키면서 현재 유행하는 수종에 대한 조경업계의 요구사항도 전달하고, 많이 재배되는 수종을 설계에 반영하는 것과 동시에 판촉도 겸하면 좋겠다.

굴취와 운반을 담당하는 장비업체와도 연합하여 장비 전시와 소개도 하면 누이 좋고 매부 좋은 일이 아니겠는가? 또 조경과 연관된 관(국토부, 환경부, 산림청, 농촌진흥청)도 불러 위령제에 참석시키면 조경의 하자에 대하여 많은 이해를 구할 수 있으리라 본다.

조경을 발주하는 관공서 및 공사와 별로 관계없는 분야(예를 들면 식물에서 나오는 추출물로 생약을 개발하는 식약청에 관계되는 분야의 사람들도 참여하면 식물에서 얻을 수 있는 여러 가지 다양한 약제에 대한 홍보와 함께 우리의 한약 업계에도 도움이 되고 약초를 조경에 도입하는 정보의 장도 마련되어 일거양득의 효과를 볼 수 있을지도 모른다)도 참여하는 대축제의 이벤트를 연다면 '수목 위령제'의 행사 동안 재미도 있을 것이고 많은 사람의 이해를 얻어 하자에 대한 인식을 바꿀 수 있고 우리가 죽인(?) 식물들에 대한 미안한 감도 가볍게 할 수 있을 것이라 상상해본다.

나무를 해친 자는 죽어서 지옥을 가면 나무뿌리에 감겨 고통을 당하는 벌을 받는다고 하는데 착한 조경인들이 이렇게 되지는 말아야 하지 않겠는가?

수목굴취기계

05. 땅이 있는데 어떤 나무를 심을까요?

에코스케이프 2016. 4월호

조경한다고 하면 주위 사람이 시골에 땅이 있는데 어떤 나무를 심으면 좋으냐고 종종 질문을 받는다. 경험이 별로 없을 때는 그 땅의 토양, 경사, 땅의 방향 등을 고려하고 유행하는 나무 등을 검토하여 어떤 나무를 심으면 좋겠다고 조언하였다.

그러나 지금은 돈이 필요해서 나무를 심느냐, 그냥 건강이나 마음의 여유를 위해 나무를 심느냐고 반문한다.

그냥 나무를 심고 싶다면 아무 나무나 심으라고 한다. 물론 토질, 수분함량, 고도, 방향(向) 그리고 경사 등에 따라 나무의 성장 속도는 제각기 다르므로 그 땅에 맞는 나무의 종류는 한정적일 수 있다. 하지만 우리나라처럼 국토가 좁은 나라에서는 토질이 달라야 얼마나 다르며 기후의 차이가 나 봐야 별반 차이가 없다.

그래서 당신이 이름을 아는 나무(단풍나무, 목련, 느티 등)를 심으면 된다. 그리고 세월 흐름에 나무가 성장하는 모습을 감상하는 여유와 재력을 가졌다면 그만큼 행복한 삶이 어디 있겠느냐고…. 그러다가 누가 나무를 사러 와 팔아서 돈이 된다면 금상첨화이고, 그 땅에 또 묘목을 심어서 가꾸는 재미를 반복하면 그만큼의 보람찬 인생도 없을 것이라고 했다.

그러나 돈을 벌기 위해서 나무를 심는다면 그때부터는 이야기가 좀 복잡해진다. 이때 다시 묻는다. 언제 돈이 필요하냐고…. 그게 무슨 소리냐고 대부분 반문한다. 하지만 우리가 살다 보면 사후약방문(死後藥方文)은 필요가 없다는 것을 잘 알고 있다.

돈은 필요할 때 있어야 한다. 회사가 망하고 나서 복권에 당첨돼 봐야 회사를 살릴 수 없다. 이렇듯 적기에 돈이 될 수 없는 투자는 투자로서의 가치는 줄어들 수밖에 없는데도 일반 사람들은 그런 사실을 애써 무시한다.

돈이 6개월 이내에 필요하다면 꽃을 심기를 권한다. 씨를 뿌리면 화초는 거의 6개월 이내에 상품 가치가 있는 꽃을 피우게 마련이다. 그러므로 꽃 개화시기에 팔 상품에 대한 예측과 분석만 잘하면 충분히 사업성이 있다. 현충일에 맞추어 흰 꽃이 피게 생산한 피튜니아, 봄철의 단장에 맞게 핀 금잔화, 팬지, 데이지 그리고 가을철의 국화 생산 등은 큰 무리가 없이 돈을 벌 수 있다.

하지만 6개월 동안은 고강도로 작업을 해야 한다. 또 짧은 시기에 생산한 꽃을 적기에 팔지 못하면 쓰레기로 변한다. 단기간에 고밀도의 노력과 정열을 필요로 한다.

돈이 1년 이내에 필요하다면 관엽식물 심기를 권한다. 관엽식물은 수종에 따라 몇 년이 걸리는 것도 있지만 대개 1년이면 거의 제품화할 수 있는 식물이 많다.

비닐하우스에서 비료와 물 관리를 잘해야 소기의 성과를 달성할 수 있다. 초화류보다는 짧은 시기에 판매하지 않아도 되지만 이 또한 짧은 시간에 고밀도의 노력과 인내가 필요하다. 하지만 단시일 내에 돈을 만질 수는 있다. 그러나 초기 투자비용인 비닐하우스 설치비, 물 주기 시설 등의 비용이 많이 들어가는 단점이 있다.

돈이 3년 이내에 필요하다면 관목을 심기를 권한다. 회양목, 철쭉, 흰말채, 개나리, 사철나무 등 많은 종류의 관목이 있다. 꺾꽂이한 후, 뿌리가 내린 조그마한 묘목을 심으면 대개는 3년 정도 키우면 수확할 수 있다. 또, 한꺼번에 팔리지 않아도 크게 문제는 없다. 꽃이나 관엽을 심었을 때보다 집약적인 노동을 하지 않아도 된다.

그리고 재배한 밭을 통째로 팔면 그 나름의 목돈도 만질 수 있다. 하지만 이 또한 몇 가지의 제약이 따른다. 밭에 심어야 한다는 것, 일 년에 몇 차례 공동관리와 비료 관리를 잘해야 한다는 것 등이다. 또 출하적기 중 1~2년 안에 팔지 않으면 기른 만큼의 돈을 받을 수 없을 뿐 아니라 자신이 가지고 있는 땅이 아니라면 땅의 임대료도 무시할 수 없다는 단점이 있다.

돈이 10년 이내에 필요하다면 교목 심기를 권한다. 물론 토질, 방향, 경사, 수분 등은 충분히 고려한 땅이어야 한다. 나무는 언급했듯이 아무 교목이나 심어도 좋다. 그냥 심어놓으면 햇볕과 공기가 저절로 키워주는 것이 나무이다.

5년만 넘으면 상품 가치가 있는 것이 많다. 그때부터 팔면 된다. 안 팔리면 내년에 더 키워서 팔면 되고, 몇몇 수종을 제외하고는 대부분 크면 클수록 돈은 더 나가니 별문제가 되지 않는다.

하지만 자금이 너무 오랫동안 묶이며 적은 돈이지만 계속 투자해야 한다. 그리고 초기에는 풀매기, 가지치기, 거름주기를 소홀하면 상품 가치가 떨어져 제값을 받을 수 없다. 그러나 조방적으로 큰 힘을 들이지 않고 관리할 수 있어서 직업을 가진 사람들이 주말의 소일거리로 하기에 좋다.

돈이 10년 안에 필요가 없고 장기적으로 나무를 키우면서 취미생활을 하고 싶다면 좋은 땅에 상록수를 키우라고 권하고 싶다. 주목, 향나무 등을 키우면 이런 나무들은 아주 더디게 큰다. 하지만 일정한 형태까지 크고 나면 형상의 아름다움이야 말할 수 없다.

왜 상록수이겠는가? 항상 겨울철에도 푸르름을 가진 자신만의 나무를 본다는 것은 큰 기쁨이다. 그리고 팔 때 제법 큰 돈을 만질 수 있다. 우리가 어느 농장을 방문했을 때 상록수가 많이 심겨 있으면 이 농장주는 돈에 별 구애를 받지 않는 부자라는 것을 알 수 있듯이 상록수는 더디게 크지만, 큰 목돈을 만질 수 있는 장기 투자에 적합한 수종인 것이다.

이상과 같이 식물을 키운다는 것은 자신의 근기에 맞게 투자를 하면 은행이자보다는 나은 이익도 얻을 수 있고 재미와 건강에도 도움이 된다고 확신한다. 우리 모두 나무를 키워 소득도 챙기고 자신의 정서도 함양하면서 조경산업의 근간이 되는 수목 자재를 생산하는 데 이바지한다면 일거양득의 효과를 거둘 수 있을 것이다.

봄이 되면 누구나 한번은 나무를 쳐다본다. 그리고 새로운 푸르름이 솟아나는 가지에서 새로운 희열을 느끼며 나도 한 그루의 나무를 심어볼까 하고 생각해 본다. 이러한 마음은 자연에 대한 아련한 추억과 회한이 현대인에게도 있다는 증거이다. 봄철에 우리가 만지는 가장 중요한 소재인 수목을 생각하면서….

06. 중부지방의 식재 수종에 대하여

에코스케이프 2016. 5.

최근(2016년 봄)에 경기도 평택에 있는 어떤 아파트로 검수를하러 갔다. 평택은 서울보다 겨울 기온이 평균 2도 정도 높다. 작년에 가장 추울 때 서울이 영하 14도까지 떨어진 것으로 기억한다.

이 아파트에 심어진 나무는 대부분 2015년 가을에 나무를 심었다고 하는데 눈에 띄는 수종으로 가시나무, 홍가시나무, 은목서, 꽃댕강, 석류, 실유카, 대형 사철나무, 남천, 감나무, 대나무, 배롱나무 등이 단지에 많이 심겨 있었다. 이 나무들은 교과서에 의하면 중부지방에서 생육이 되지 않는 나무들이다.

그런데 작년 가을에 심은 나무 하자 정도는 일반 수목 정도의 하자율을 보였거나 오히려 하자가 더 적은 것 같았다. 물론 밑둥치 부분은 짚으로 월동을 해주고 있었지만 그래도 이런 나무를 중부지방에 심으려고 한 시도가 놀랍기만 하다. 담당자 생각으로는 식재 후 눈이 많이 내려 겨우내 눈 속에 나무들이 있어서 하자가 거의 없지 않았나 하고 평가했다.

우리는 중부지방에 식재를 할 때, 상록수의 소재가 빈곤한 것에 매번 고민한다. 그런데 이러한 수종이 중부지방에서 생육할 수 있다면 획기적인 사건이다. 반드시 내년에 다시 그 아파트를 방문하여 나무들이 어떻게 변화하고 생육하고 있는지 관찰하리라 생각하였지만 의문이 남는다.

서울의 영등포에 있던 철도아파트가 철거될 때 기존 수목을 옮기기 위하여 가보니 아파트의 양지바른 곳에 식나무(Aucuba)가 잘 살고 있다든지, 은평구에 있던 기자촌의 어떤 주택에 2m가 넘는 호랑가시나무(Ilex)가 잘 자라고 있는 경우를 본 적은 있다.

그러나 이런 현상은 국지적인 기후와 겨울철 관리를 잘하므로 일어날 수 있는 현상이지 일반적인 공동주택에 적용하기는 힘들다는 것은 조경 식재를 하는 업체로서는 상식이다. 예전(1989년경) 4대 신도시가 한창 개발될 때 일산에 어떤 건설사가 짓는 아파트에 히말라야시다(개잎갈나무)를 상징목으로 심었는데 잘 살고 있다가 겨울만 지나면 몇 그루씩 죽더니 몇 년에 걸쳐 다 죽고 현재는 한 주도 살아 있는 나무가 없다(식재한 나무의 근원경은 약 20cm 이상이었음). 그때 시공한 사람으로써 자연의 섭리를 거스르는 행위를 한다는 것은 어렵다는 사실을 실감하였다.

요즈음은 중부지방에는 월동이 안 된다는 수종인 배롱나무, 감나무, 대나무를 중부권 아파트에서 당연한 듯이 식재하고 있다. 그리고 어느 정도 월동만 해주면 문제없이 겨울을 나고 수년이 흘러도 잘 자라고 있다. 대부분 사람은 온난화가 되어서 그러하다고 생각하며 설계자나 시공자가 이 나무들에 대하여는 별반 의심 없이 설계하고 시공하고 있다.

그러나 내 기억으로 1980년 겨울은 매우 추웠다. 그때 서울에 심어진 가이스카 향나무가 거의 동해를 입었을 뿐 아니라 수원에 있는 농장의 복숭아나무도 거의 얼어 죽은 사태가 발생했다. 처음에는 이유를 잘 몰랐으나 추위 때문이라는 것이 얼마 후 밝혀졌다.

이렇듯 자연은 평이하다가도 가혹하다. 우리가 늘 즐기고 일상에 문제없이 넘어가는 현상들도 조금만 스트레스를 주면 파괴는 가혹하여 전멸하는 현상이 일어나는 것이 자연이다. 그렇다고 해서 평소에 문제가 없는데 수년 또는 수십 년 만에 일어날 수도 있는 현상이 무서워서 우리가 보고 즐길 수 있는 나무들을 심지 않고 소극적으로 대처해야 할 것인가는 의문이 든다.

그래서 현재까지는 중부지방에 대나무, 감나무, 배롱나무를 적극적으로 심어서 주위의 경관을 풍성하게 하고 있다. 언제 혹독한 추위가 닥쳐 그 나무들이 전멸할지라도…. 그런데 서두에서 언급한 가시나무나 은목서 등은 이야기가 달라진다.

이 나무들은 중부지방에서 생육이 불가능하다는 것이 일반적인 정설이다. 이 나무들의 생육이 가능하다면 우리의 기후대는 1960년대와는 완전히 달라진 상태이며 식생에 관한 교과서도 완전히 바꾸어야 할 판이다. 이 나무들은 대나무나 배롱나무와 같이 추위에 어느 정도 견디는 정도의 나무가 아니고 종일 영하의 날씨가 지속할 수 있는 중부지방에서는 생육할 수 없는 나무다.

하지만 몇 도 이하가 어느 정도 지속할 때 죽으며 추위보다는 겨울바람의 풍속이 어느 정도이고 몇 일 이상의 건조가 계속될 때 죽는다는 연구도 없는 현실이다.

현장에서는 양지바른 곳에 이 나무들을 식재했으며 아파트에 주민이 입주하고, 아무리 종일 기온이 영하로 내려가도 아파트에서 나오는 열과 아파트의 복사열 속에서 잘 살아간다면, 아파트의 조경 식재 수종의 새로운 발견이며 주민들의 삭막한 겨울 풍경을 풍요롭게 해줄 수 있다.

중부지방에 상록으로 심을 수 있는 수종(교목)은 침엽수종인 소나무, 스트로브잣나무, 섬잣나무, 잣나무, 가이스카 향, 향나무, 주목을 제외하고는 없다고 해도 과언이 아니다. 더더욱 활엽상록수종은 거의 없다. 그런데 가시나무 계열과 목서 계통의 나무가 생육한다면 다른 추위에 잘 견디는 많은 남부 수종을 발굴하여 설계에서 시공까지 반영하여 도시민들이 거주하는 공간인 집합주택(아파트)에 사용할 수 있을 것이다. 이렇게 여러 시도가 행해져 정착한다면 풍성한 공간을 연출할 수 있을 것이다.

집합주택에 겨울철에도 풍성한 활엽상록이 심겨 있는 것을 본다면 주민들의 정서에도 많은 도움이 되리라 생각하며 조경수목 시장의 판도를 바꿀 수 있는 일이라 생각한다. 평택에 남부 수종이 많이 심어진 아파트에 조경 관리가 향후 잘 되어 조경식재의 새로운 장이 되길 기대한다.

겨울철 유지관리비가 조금 들어가더라도 이런 나무를 중부지방에서 사철 볼 수 있다면 얼마나 좋은 일인가? 그만한 가치를 지급할 수 있는 준비가 우리 국민은 충분히 되어있다고 생각한다. 제발 그 아파트에 내년 후에 갔을 때 나무들이 풍성하게 성장하는 광경을 기대하면서….

07. 나무 뿌리분에 대한 소고

2016년

교목은 근원경의 굵기에 따라 값이 다르다. 그래서 어떻게 하면 근원경이 크게 보이게 하려고 근원경 주위 흙을 걷어내 나무의 뿌리를 상하게 하면서까지 나무를 공급하는 사람도 있다. 예전에는 나무 수형이 좋으면 규격이 조금 빠지더라도 큰 문제가 되지 않았다.

수형이 좋고 나무의 영양 상태가 좋다면 규격이 조금 빠지더라도 나무는 곧 목표치에 달하는 규격으로 자랄 테니 큰 문제로 삼지 않는 경우가 많았다. 지금은 돈이 행세하는 세태가 되다 보니 그렇게 수목을 검수했다가는 큰일이 난다. 10% 정도 규격이 빠지는 나무는 감독의 권한으로 합격시켜도 되는데 규격에 못 미치는 나무를 합격시키면 이상한 눈으로 검수하는 사람을 바라본다.

예전에는 나무를 캐서 뿌리분을 감을 때 주로 새끼를 사용했다. 사각분, 6각분, 팔 각분으로 뜨던 시기에는 뿌리 부위에 새끼를 감고 근원경 부위에 목대를 감았다. 팔 각분 뜨기를 한다면 목대에 감기는 새끼가 8번 감긴다.

자연히 뿌리와 줄기가 하나로 묶여 따로 놀지 않으니 목대가 뿌리분과 혼연일체가 되어 하자도 적게 난다. 그러나 근원경 부위에 새끼가 칭칭 동여매어 있으니 정확한 근원경 크기를 알기가 힘들다. 종종 감독이 새끼가 감긴 위를 근원경 크기로 재니 규격에서 손해를 보는 경우가 많았다. 그래서 근원경 주위를 감싸지 않고 노출하여 뿌리분을 감았다. 나무를 살리는 데는 좋지 않지만 어쩔 수 없는 현실이다.

현장에 식재하는 수목의 규격은 점차 커지는데 뿌리를 잘 감아서 부서지지 않게 하기 위하여, 녹화 마대나 새끼로 뿌리분을 감고 그 위에다 고무바나 철사(반생)를 한 번 더 감아 주는 것이 지금의 방법이다. 즉, 근원경을 노출하여 규격은 확실히 보여주면서 뿌리는 탄탄하게 유지하는 방법이다.

그러나 아무리 잘해도 예전(뿌리와 목대를 동시에 감는 방식)만 하지는 못한 것이 사실이다. 뿌리는 탄탄히 감겨 있으나 줄기와 상부의 무게가 무거우면 나무와 뿌리분이 따로 놀 가능성이 다분하다. 이러니 뿌리분 속에 있는 잔뿌리가 damage를 입으면 아무리 온전히 나무를 심은 들 하자가 나지 않겠는가?

또, 뿌리를 결속하는 자재인 고무바와 철사에 대하여 말이 많다. 고무바는 땅속에 들어가면 썩지도 않고, 고분자 화합물로 되어 있어 땅속에서 썩는다면 토양을 오염시킨다. 철사로 나무를 저렇게 조여 놓으니 나무가 얼마나 답답하겠느냐고 감성적인 미사여구를 동원하여 공격한다.

이렇게 비전문가가 전문가를 공격하니 감독들은 귀찮아서(?) 나무를 심은 후에 고무바를 전부 제거하라고 하였다. 누가 돈을 들여 고무바나 철사를 나무뿌리에 감겠는가? 나무를 굴취하는 사람이 할 일이 없어 그 짓거리를 하겠는가? 오로지 나무를 살리려는 일념으로 하는 행위인데 그냥 매스컴에서 떠드니 그렇게 하라고 하는 비전문가들의 지시가 우습지 않은가?

흡사 사람을 수술하고 나서 아물지도 않았는데 보기 싫고, 몸에 좋지 않으니 상처를 꿰맨 실밥을 제거하라는 소리와 무엇이 다르겠는가?

토양-대지란 오묘한 것이다. 우리가 여간 상처를 내도 다 받아주는 것이 토양이다. 우리가 해치고 파괴하여 그 원상을 회복할 수 없을 때까지는 별반 문제가 없고 잘 회복한다. 대지는 조그마한 담배꽁초나 콘크리트 조각이나 쓰레기가 섞인다고 해서 불평하지 않을 뿐 아니라 토성이 변하지 않는다.

자신의 본래 토성으로 곧 회복하는 것이 땅이다. 인간이 거주하는 땅에 어마한 콘크리트를 부어 사람이 살기에 적합한 장소를 만들어 놓은 것은 아무도 말하지 않으면서 그 주위에 나무를 심는데 몇 조각의 고무바와 철선이 얼마나 우리의 토양을 황폐화하는지는 잘 모르겠다.

1990년 초 4대 신도시를 건설하면서부터 고무바가 토양오염을 시킨다고 야단법석을 떨었다. 4대 신도시를 건설하기 전에 건설된 아파트, 공원, 기타 조경현장에서 제거하지 않고 있는 고무바 때문에 나무가 죽었다거나 토양이 오염되었다는 이야기를 40여 년이 지나도록 듣지 못하는 이유는 무얼까?

몇 년 전(2010년경)이 되어서야 고무바가 토양을 오염시키는가를 환경부에 질의하여 고무바가 토양오염과는 상관관계가 없다는 공문을 받고 나서야 식재 업체들이 고무바를 형식적으로만 제거하던 죄의식에서 벗어날 수 있었다.

이 얼마나 서글픈 일인가? 전문가들은 고무바가 문제없다고 아무리 외쳐도 너희들은 이해당사자이니 말할 자격이 없다며 귀를 기울이지 않다가 환경부 공문 한 조각에 모든 것이 잠잠해지는 것이 현실이다.

잘 모르는 자가 잘 아는 자의 의견을 누를 때 사회는 파탄이 난다. 전문가의 말을 믿지 않고 인기에 영합하고, 힘 있는 자가 약한 자를 누르고, 천박한 지식으로 아는 체하고, 온갖 일에 간여하기 좋아하는 자가 전문가를 능멸할 때 사회는 어떻게 된다는 것을 역사가 말해주고 있지 않은가?

물론 조경인의 잘못이 없는 것도 아니다. 이런 일이 발생하지 않도록 실력과 논리를 제대로 기르지 않았는 것이 우리의 책임이다. 사회의 곳곳에서 불거져 나오는 문제를 사전에 예측하여 어떻게 슬기롭게 극복할 것인가는 우리 몫이다.

다시 말하자면 수목을 검수하는 분들이 아량을 가지고 나무를 보았으면 하는 마음이 절실하다. 실제로 규격이 나오는데 목대에, 뿌리에 끈이 감겨 있어 끈의 위를 측정하니 규격이 좀 빠지더라도 과감히 현장에 심을 수 있는 용기, 수형이 좋지 않지만 심기는 위치에 따라 식재를 허용하는 여유 등이 있다면 더 멋진 현장 소장으로 기억될 것이다.

08. 조경수에 대한 단상

2016. 6.

조경하는 사람이면 대부분 조경수에 관해 공부했을 것이다. 대학에서는 조경이라는 학문의 큰 부분 중의 하나로 조경수목에 대하여 가르친다. 언제부터인가 조경하는 사람이 수목을 잘 모르는 것이 자랑(?) 비슷하게 이야기하는 것을 종종 본다. 어쩌면 조경이라는 학문을 산림이나 원예를 하던 분들이 초기에 주도하다 보니 식물에 대하여 너무 강조하였다.

식물에 대해 잘 아는 사람은 넘쳐났고, 너무 잘 알다 보니 식상한 감이 있어 많은 조경인이 애써 수목에 관한 공부를 외면한 부분이 있는지도 모른다. 또, 조경 시공이 식재만 있는 것이 아니고 조경시설물의 비중도 점차 커지므로 식재에 대한 것을 몰라도 얼마든지 할 수 있는 분야가 되었다. 대학에서는 계획과 설계에 치중하여 연구하다 보니 식물 소재에 대한 분야가 소홀해지는 것도 영향이 없지 않았을 것이다.

하지만 산업이 존재하지 않는 학문은 순수학문이 아닌 이상 존재하기가 힘들다. 특히, 무한경쟁에 가까운 시대에 인문학이 살아남기가 힘들듯이 경제, 돈, 이익 등을 수반하지 않고는 그 학문에 대한 가치의 존재란 없는 것과 같이 되는 경우가 많다.

한때, 대학의 커트라인이 가장 높았던 철학, 수학 및 물리학 등이 지금 고등학생들의 선호도에서 상당히 멀어져 있는 현실을 보더라도 잘 알 수 있으며, 1970년대 말 여러 대기업이 조선업을 차릴 때 공과대학에서 조선공학과가 커트라인이 제일 높았다는 사실에서 우리는 현 세태를 잘 알 수 있다.

조경산업의 기본은 식재와 시설물 설치다. 시설물 설치는 다른 건설업종과 겹치니 항상 문제가 되고 있지만, 조경식재공사는 타 업종에서 좀처럼 간섭하기가 어렵다. 물론 최근에는 산림과 원예 쪽에서부터 영역에 대한 다툼이 일어나고 있지만…. 조경수를 멋있게 심는 작업은 조경의 고유영역이다.

식재의 기본 소재는 조경수이다. 그런데 학교 교육에서 조경수에 대한 교육이 소홀하고 학문의 발전이 잘되지 않는다면 조경이라는 분야에 대한 침체와 멸망을 뜻한다. 학교에서 제자를 기르는 분들은 자신은 관심이 없더라도 수목이 얼마나 중요한지를 학생들에게 주지시켜야 한다. GIS, 조경계획, 설계 및 생태의 큰 그림도 중요하지만, 기초에 해당하는 식물을 모르고서야 어찌 조경한다고 하겠는가?

조경산업의 절반에 해당하는 식재 공사에서 자재비가 절반 이상을 차지한다. 자재비는 거의 수목이다. 조경수목에 관한 연구가 없이는 조경의 발전은 없다. 이런 의미에서 조경수에 관한 연구가 그동안 너무 미미하지 않았나 생각한다.

특히, 학생을 가르치는 '조경수목학'에 관한 책을 보면 문제점이 많다는 것에서 조경수에 대한 현주소가 어떠한지를 알 수 있다. 나무의 이름을 나열하고 분별하는 수준에 그치지 않나 하는 느낌도 들고, 조경수를 논하기에 적합하지 않은 표현도 많다. 조경수에 관한 연구가 거의 없다 보니 산림을 연구하는 학자들이 연구해 놓은 수목에 관한 내용은 조경수에는 맞지 않는 경우가 많은데, 조경수목에 그 내용을 그대로 기술해 놓다 보니 이러한 현상이 생기지 않았나 생각이 든다. 조경학이 연륜이 짧으니 조경수에 관한 연구가 미흡하다는 것으로 말하기에는 심각하다. 연구하는 사람이 거의 없다는 것이 문제이다. 조경수목교재의 개선이 빨리 되어야 한다.

예를 들면 소나무를 이식하기 가장 좋은 시기가 장마철로 기술된 책을 본 기억이 있다. 물론 그 책은 조경인을 위한 교제가 아니고 임업을 하는 사람들을 위한 책인데 이것을 조경인이 그대로 가져다 쓴다면 어찌 되겠는가? 임업인은 큰 소나무를 옮길 이유가 없다. 아마 소나무 묘목을 옮겨심기에 적기가 장마철일 것이다. 습기도 적당하고 새순도 거의 자라 여물어 가는 시기가 장마철이다. 하지만 조경수로서 소나무의 이식 적기는 아니다.

또, 《조경수목학(운문당. 조경학회. 2006)》을 보면 영산홍을 이식하기 곤란한 수목으로 기술하고 있다. 조경식재를 전문으로 하는 사람이면 영산홍 이식을 왜 곤란하다고 생각할까 하는 의문이 들 것이다. 물론 성장한(키가 1m 이상으로 자라고 근원경 굵기가 4cm 이상) 영산홍은 매우 이식이 어렵다는 것은 이식해본 사람이면 잘 알고 있다. 하지만 조경공사에서 쓰는 대부분의 영산홍은 규격이 0.3×0.3이 아닌가? 이 나무를 두고 이식이 어렵다고 표현하고 가르치는 데 동의하기가 힘들다.

이 이외도 여러 가지 표현상 문제가 많다. 어떤 나무가 추위에 잘 견딘다, 내한성이 강하여 월동이 쉽다 등은 무엇을 뜻할까? 남부 수종인데 추위에 잘 견뎌서 중부지방에도 심을 수 있다는 것인지, 제주도 지방에서만 견디는데 남부지방에서도 식재 가능하다는 것인지, 중부지방의 수종인데 큰 추위가 와도 괜찮다는 표현인지 참으로 애매하다(삼지닥, 감탕나무, 이나무, 회양목, 풍년화 등).

나무껍질이 특이하다고만 생각해 왔었는데 '수피가 아름답다'고 표현한다. 그 기준은 무엇인지, 조경수목학은 자연과학서적인데도 너무 문학적인 표현을 구사한 것은 아닌지 모르겠다(수피가 벗겨지는 나무인 모과나무, 버즘나무, 산수유, 노각나무 등을 생각해 보면 되겠다).

이렇게 여러 가지 문제점이 느껴지는 책을 대할 때마다 집필자들의 어려움이 그대로 녹아있는 듯하여 서글프다. 우리는 조경수에 대한 투자를 앞으로 많이 해야 한다고 생각한다. 단순하게 수목의 이름과 특징을 아는 것만으로는 조경식재의 전문가가 되기는 어렵다. 학교에서도 조경수에 대하여 더 많은 학과목으로 세분하여 학생들에게 가르쳐야 한다.

또 농학, 임학, 원예를 하는 사람들에게 맡겨두기보다는 합심하여 적극적으로 소재를 개발하는데 많은 투자를 해야 한다. 아울러 굴취, 상차, 운반, 식재, 약품처리, 조경수 생산기술, 유지관리 등에 관한 기술, 기계, 장비, 약품 등 연구도 열심히 하여 대비할 때 수목에 대한 얕은 지식을 가진 사람들이 조경 분야를 넘보지 못할 것이다. 우리는 더 정확한 조경수목학책으로 후진을 양성할 때 조경 분야에서 더 많은 발전을 이루리라 생각한다.

09. 전정은 왜 하는가?

2016. 9.

요즈음 조경의 화두는 친환경, 생태, 자연스러움 등이 대세를 이룬다. 그러니 자연과 유사하게 꾸미려고 하는 경향이 있다. 심어놓은 식물을 되도록 손을 대지 않고 자연스럽게 유지하려 한다. 그리고 자연의 생태계에 맞는 수종을 선택하여 심으려고 노력한다. 이러한 경향이 옳은 방향인지는 차치하고라도 심은 식물에 계속 손을 가한다는 것(유지관리)은 인건비가 비싼 현실에서는 비효율적이다. 또 아름다움에 대한 인식도 정형적인 조경에서 자연스러운 경관 연출로 변해가는 추세가 현재의 조경이다.

자연계에서 식물들이 조화롭게 자라는 것을 보면 아름다운 부분도 많지만, 반드시 아름다운 경관만 연출하는 것이 아니다. 그 속에는 치열한 생존 경쟁이 있다. 식물은 스스로 이동할 수 없으니 한 자리에서 자신이 좀 더 나은 위치를 차지하려 애써 하늘을 향해 가지를 뻗고, 어떻게 해서든 경쟁상대를 도태시키려 애 쓴다. 그러니 그 과정에 죽음이 있고, 식물이 기형적으로 자라기도 한다. 그리고 속으로 들어갈수

꽝꽝나무

록 지저분한 경관이 곳곳에 눈에 띈다. 죽은 가지, 썩어가는 나뭇잎, 뒤틀린 나무들…. 어쩌면 아름다움과는 아주 먼 경관을 연출한다.

과연 조경이 이런 자연과 닮아야 할까? 조경이란 무엇인가? 경관을 만드는 것이 아닌가? 과연 무질서한 자연계를 닮아야 하는 것이 아름다운 것인가? 어차피 인간이 만드는 경관이 자연을 닮게 조성한다고 하여 자연스럽고 생태적인가? 인간도 자연 일부인데, 인간이 만든 것은 생태적이지 않다는 말인가?

식물을 가지고 아름답다고 말하려면 인간이 가지고 있는 기술을 가미해야 하지 않는가? 산지가 많은 우리나라에서는 곳곳에 자연이 널려 있는데 산을 그대로 버려두어 식물들을 경쟁시키면 그것이 최상의 경관을 연출하는 것인가?

여기서 왜 전정이 필요하며 조경의 큰 기술 중의 하나인가를 생각하게 한다. 조경 기술 중에서 전정만큼 중요한 것이 없다. 이는 나무를 살리는 조경. 즉, 경관을 아름답게 만드는 기본 기술 중의 하나이다. 교과서에는 전정의 기본원리가 있는데 내 기억으로는 '수목의 정자세를 유지해라, 고사지, 교차지, 역지, 도장지, 평행지를 제거하라'와 전정은 '위에서 아래로, 밖에서 안으로, 오른쪽에서 왼쪽으로 하는 것'이 유리하다 등이 기술되어 있다.

이는 수목을 왕성하게 성장시키고, 아름답고 손쉽게 유지하는 방법이다. 수목의 기분이나 의지와는 상관없이 인간의 관점에서 보는 경관 연출법이다. 인간을 위해서 식물을 전정하는 것이지만 한편으로는 식물을 위해서 전정을 하지 않나 하는 생각이 많이 든다.

둥글게 구름이 피어오르는 모양으로 전정한 구름형 소나무를 보면 전정의 극치를 보여준다. 식물은 저렇게 둥글 된 가지 모양을 원하지 않을지도 모른다. 하지만 사람은 그러한 소나무의 모습이 친숙하다. 원추형으로 단장된 주목에서도 똑같은 감정을 느낀다. 인간의 이기심(?)으로 토피어리를 만들어 놓고 즐거워한다.

잘못된 것일까? 그렇게 나무를 전정했지만, 사람은 그 잘려나간 가지만큼 비료로 보상을 하여 잎이 무성하게 자라도록 생육에 신경을 쓴다. 속가지의 죽은 삭정이를 제거하여 가지와 잎 사이로 바람이 잘 통하도록 하면서 나무의 생육이 조금이라도 잘못될까봐 공을 들인다. 나무도 느낌이 있다면 죽은 잎이 다 없어지고 통풍이 잘되니 시원하다고 생각할까, 아니면 잘려나간 가지의 아픔을 되새기며 힘들어할까?

나무를 전정하는데 정자세가 되게 나무를 전정하고 고사지, 도장지, 역지, 간섭지를 제거해 주면 나무도 좋아하지 않을까. 잔가지가 다른 잎에 가려 죽었는데 몸에서 떨어지지 않고 매달려 자신의 성장을 방해

소나무

하고, 자신의 몸에서 난 가지가 두 개 겹쳐서 바람이 불 때마다 서로 부대껴서 상처가 생기는 것(간섭지), 역시 나무도 좋아하지 않을 것이다. 이때 한 가지를 제거하는 작업을 하는 것은 나무도 좋아하리라 생각이 든다. 이렇듯 전정이란 나무에도 좋은 점이 많다.

모든 생물이 자신의 성장과 번성을 원한다고 볼 때, 전정을 한 나무가 생기가 넘치게 자라는 것을 보면 전정을 한 사람도 흐뭇할 때가 많다. 진정으로 나무가 좋아하는지는 확인할 수 없지만…. 이런 의미에서 전정은 조경의 아주 중요한 기술이다.

오랜 전정을 통하여 가지가 잘 정비된 모과나무

전정은 우리가 감상할 때 좋게 보이게 하는 면도 강하지만 진정으로 나무가 잘 자라고 원기 왕성하게 번성하는 데 초점이 맞추어져 있다고 할 수 있다.

가로수로 심어진 나무는 보도블록에 갇혀 환경이 좋지 않으니 가지도 뿌리분의 상태에 맞게 잘라야 하며 하부의 곁가지는 차량에 부딪히지 않게 전정해야 한다. 또 아파트 입구에 주목이 있다면 자연스럽게 키우기보다는 원뿔꼴로 깔끔하게 단장된 모습을 유지하도록 조치해야 한다.

이는 나무가 원하는 방향과 다를 수도 있다. 그렇지만 필요에 따라서 그렇게 나무를 유지하는 것이 목적에 맞는 전정이지 않겠는가? 일부러 나무를 괴롭히고 학대할 필요는 없겠으나 목적에 맞는 전정은 꼭 필요하며 잘못된 전정은 지양되어야 한다.

우리가 소, 돼지, 닭을 키워 목적에 맞게 인간에게 유용하게 사용하듯 식물을 키우는 데 큰 원칙은 식물이 왕성하게 자라게 하는 것이 목적이지만 때에 따라서 인간의 원하는 방향으로 전정을 해야 하는 것이 필요하다. 잘못된 생각으로 나무를 자르는 데만 초점이 맞추면 잘못된 전정이라고 생각한다.

그냥 잘려나가는 가로수의 가지를 보면서….

박스 형태로 전정한 플라타너스

10. 무궁화

2018년

우리나라 꽃인 무궁화는 추위에 약해서 동해를 잘 입는다. 히비스커스 종류는 대부분 상록인데 우리나라 무궁화는 낙엽 활엽으로 무궁화과가 살 수 있는 수종 중에 가장 북쪽에 살 수 있는 수종이다. 학교 다닐 때 수목학을 가르치는 선생님이 한반도의 북쪽인 중강진이나 개마고원에서 살 수 없는 무궁화가 우리나라 국화가 되는 데는 문제가 있다고 말했는데 일리가 있는 말이다.

젊은 시절 사우디아라비아에서 공사할 때 하와이 무궁화(Hiscus Rosa sinensis)라는 것을 처음 접했을 때, 그 꽃의 색상이 화려함에 놀랐다. 무궁화 종류 중에 이렇게 화려한 색이 있는가하고…. 잎은 상록으로 광택이 나서 반짝거리고 붉은색과 노란색 꽃이 일 년 내내 피었는데 화려하기가 그지없었다. 붉은 꽃을 하와이를 방문하는 사람들의 머리에 꽂아주는 것을 어릴 때 영화에서 보곤 하였는데 내가 이런 나무를 직접 심는다니 하는 생각에 기분이 들뜬 기억이 난다.

무궁화과 중에는 말비스커스라는 품종도 있는데, 역시 상록이고 꽃이 만개하지 않고 피는 듯 마는 듯 하며 꽃이 축 늘어진 것이 원시 무궁화 종류라고 들었다. 꽃의 색은 화려한 것이 많으며 아래로 향한 것이 수줍은 새색시의 자태를 지닌 것 같아서 좋았다. 또 아부틸론이라는 품종도 있는데 이 또한 원시 무궁화의 한 품종이라 보면 되겠다.

하와이 무궁화

또, 히비스커스과에 속하는 것으로 초본류에 속하는 부용이나 접시꽃도 있다. 여름철 담장 앞에 화려하게 핀 모습이 아름답게 느껴지는 꽃이다. 양재천 길을 여름에 걸으면 곳곳에 피어 있는 이 꽃을 볼 수 있다. 꽃도 크고 색깔도 짙은 색이 많아서 보기에 강렬한 인상을 준다. 가을이 오기 전까지 꽃은 가지의 밑에서부터 위로 계속 무한히 피어서 좋다.

한국 무궁화

우리나라 무궁화는 꽃의 색이 분홍이거나 흰색이 주종을 이루는데, 항상 나는 그 수수한 색이 불만이었다. 너무 박력이 없어 보였기 때문이다.

최근(2018년 여름)에 심경구 박사가 운영하는 천안에 있는 무궁화연구소를 갔었다. 심 선배님은 무궁화 연구에 평생을 바쳐온 분으로 연구소에는 여러 종류의 무궁화가 비치되어 있었다. 때가 여름인지라 여러 종류의 무궁화가 자태를 자랑하고 있었는데, 나이가 들어서인지 무궁화 꽃이 이렇게 아름다운지를 다시금 느낄 수 있었다. 그 색의 수수함이 원색에 가까운 색을 지닌 꽃보다 품격이 있다는 것을 새삼 깨닫게 되었다.

무궁화는 날씨가 따뜻해지면 가지가 새로 나오고 잎이 자라면 성장기에 있을 때는 하염없이 꽃이 핀다. 피고 지고, 피고 진다. 그래서 싫어하는 사람도 있지만, 그 피고 지는 꽃의 수가 하염없다는 것이 무궁화의 이름이 말해주듯 자랑이다. 나무에서 꽃이 피는 것이 많지 않은 실정에서 이렇게 일 년 내내 꽃이 피는 나무가 어디 있겠는가? 무궁화는 이렇게 하염없이 꽃이 피는 나무다. 또한, 꺾꽂이도 잘 된다. 옮겨심기도 잘 된다. 땅이 기름지면 잘 자라고, 꽃을 무한히 인간들에게 선물한다.

혹자는 무궁화는 진딧물이 많아서 싫다고 한다. 병충해가 극성을 부린다는 것은 그만큼 건강하게 잘 자란다는 것이요, 새로 나온 가지에서 꽃이 핀다는 것은 그 새순에 영양이 많아서이다.

그런 나무 중에 병충해가 많지 않은 나무가 어디 있는가? 장미, 사철 등을 보라! 새로 나온 야들야들한 새순에 조금만 방심하면 금세 진딧물이나 깍지벌레 등 다른 벌레가 진을 친다. 그런데 유독 무궁화가 진딧물이 많다고 인식하고 있는 것은 무슨 연유일까? 조그만 관심을 가지고 돌보면 금방 방제가 가능한데….

이렇게 하염없이 피고 지는 무궁화가 절화용 꽃으로 쓰이지 않는 까닭은 무엇일까? 이렇게 많은 꽃이 하루에 피는데…. 장미나 다른 꽃은 절화용 꽃으로 많이 쓰이는데…. 만약 무궁화 꽃이 절화용으로 사용할 수 있으면 주목을 받을 터이다.

무궁화는 꽃이 피고 나면 지속 시간이 짧다. 하루 정도 피어 있다. 그러니 꽃을 꽃으로 팔 수 없다. 심경구 박사는 3일간 피는 '삼일홍'이라고 이름을 붙인 무궁화를 개발하였다. 하지만 3일을 피어서 절화용 꽃으로 사용기가 어렵다. 또한, 3일을 핀다지만 정확하게 3일을 버티지는 못한다. 이런 꽃을 절화용으로 사용할 사람이 있을까?

이탈리아를 여행하였을 때, 조그마한 소도시에서 하루를 묵었는데 아침에 일찍 일어나 마을을 산책하였다. 마을의 2차선 도로변 가로수가 전부 무궁화였다. 키는 3m 정도 근원경의 크기는 6~8cm로 꽃이 피어 있었는데 인도가 좁은 우리나라에도 무궁화를 가로수를 심으면 어떨까 하고 생각해 봤다.

무궁화로 된 가로수

좁은 인도에 거대하게 자라는 느티나무, 버즘나무나 은행나무 등을 가로수로 심으니 그 위를 지나는 전깃줄이나 통신선에 걸려 잘라야 하고, 건물에 걸려 자르고, 간판이 안 보인다고 민원이 들어와 자르고. 이렇게 하는 것보다 우리나라의 국화인 무궁화를 가로수로 심는다면 어떨까?

무궁화는 소교목이나 대관목으로 분류된다. 우리는 공원에 무궁화를 군식으로 많이 심는다. 심은 무궁화를 그냥 봄이 되면 높이에 맞추어 싹둑 자른다. 그러면 새로 나온 가지에서 꽃이 핀다. 왜 우리는 무궁화를 심으면 이렇게 모질게 전정을 하는 걸까? 학교 다닐 때 교정의 테니스 코트 주위의 철망 밖에 무궁화가 차폐용으로 심겨 있었는데 봄만 되면 우리들의 키 높이로 맞추어 잘라 주었다. 나는 잘 이해가 되지 않았다. 그냥 도장지만 잘라 주어도 될 것으로 보였다.

우리나라 국화인 무궁화를 많이 심어야 한다는 시기가 있었다. 그때, 온갖 정부 발주공사에서 설계에 반영하여 공급이 모자라 중국에서 왕창 수입하여 심기도 하였다. 국화(國花)를 수입해서 심는다(?)는 우스꽝스러운 일이 벌어졌는데, 이런 일이 어디 이것 하나뿐이겠는가?

한쪽에서는 피고 지고 하는 것도 싫고, 진딧물 등 병충해가 많아서, 꽃 색깔이 흰색 아니면 분홍색으로 힘이 없어 보여서 싫다는 사람도 있지만, 무궁화는 우리나라 국화이다. 이름부터 무궁(無窮)하지 않는가? 사랑하는 마음을 갖도록 해야 할 의무를 지닌 나무가 아니겠는가?

11. 가로수에 대한 소고

서울은 도로가 잘 정비되어 있다. 조금만 불편하다 싶으면 어떻게 해서든 길을 새로 정비하여 시민들의 불편을 최소화하려 한다. 이러한 편리함 속에서 외국의 도시들과 비교하여 볼 때 인도의 폭이 좁다는 느낌이 든다.

인구 밀도가 서울보다 높지 않은 도시도 인도의 폭은 서울보다 좁다는 느낌이 들지 않는 경우가 많은데, 서울의 도로는 유독 인도가 좁다. 그리고 인도를 설치한 곳은 꼭 가로수를 심는다. 그것도 아주 대형으로 자랄 수 있는 수종으로…. 오래된 외국 도시를 가보면 아름드리 가로수가 서 있고 그 사이에 카페가 있고 카페 앞에는 넓은 공간이 있어 그곳에서 벤치를 두어 앉아서 환담하는 광경을 많이 본다.

우리는 개발의 기치 아래 조금이라도 땅을 절약하여 사용하고 도로의 기능을 인간보다는 기계와 효율을 우선으로 하고, 가로의 기능 중에 넣을 것은 다 넣어야 하다 보니, 이렇게 인도 폭은 좁아져 다정한 친구 두 쌍이 어깨가 부딪히지 않고 교차하여 지나가기 힘든 인도가 대부분이다. 이 좁은 인도에 조금만 여유가 있으면 사람과 차를 분리하기 위한 녹지띠를 설치하고, 또 장애인을 위한 점자블록도 설치하며, 자전거 전용차선을 두려고 한다. 좁은 인도가 더욱 좁게 느껴질 수밖에 없다.

이런 환경에서 자라고 굵어지는 가로수는 경계석을 차도로 밀어내고, 가지는 무성하여 건물을 헤치니, 관청은 민원성 가지치기에 여념이 없다. 악순환을 계속하니 도시의 미관을 아름답게 하는 데 일조를 해야 할 가로수의 몰골은 괴상하게 잘린다. 왜 저 나무가 저기에 있어야 하는지 조경하는 사람도 이상하게 생각할 정도의 광경을 자아내는 곳이 한두 군데가 아니다.

이런 시점에서 몇 가지 제안을 하고자 한다.

과하게 잘려진 메타세쿼이아

인도가 좁게 건설된 기존 도시시설에서 인도를 넓히는 것은 매우 어렵다. 그러나 서울은 오래되고 유서 깊은 도시로서 재건축이 많이 필요하다. 재건축허가를 내줄 때마다 차도 확보도 중요하지만, 인도를 일정 부분 시민들에게 내놓으면 재건축허가를 해주는 것이다. 물론, 지금도 시행을 하고 있지만 미흡하다. 이것을 구청의 자율에 맡길 것이 아니라 시의 조례로 명문화하여 시행한다면 인도의 폭을 확보하는 데 많은 도움받을 수 있을 것이다.

또, 보행자를 위한 인도 확보를 전제로 한 전체적인 도시의 마스터플랜을 작성한 다음 시민들에게 열람하게 하고, 50년 이상의 장기 계획을 세워 시가 토지를 사들여 인도를 확보해야 할 것이다. 물론 이렇게 인도가 넓어져 혜택을 보는 근처의 토지 소유주들에게는 일정한 세금을 거둬 균형을 맞추면 큰 불만이 없을 것이다.

이렇게 일정한 인도 폭을 주면서 도심의 가로수 심는 방법에서 관리하는 것까지 많은 고민을 해야 할 사항이다.

심는 수종은 반드시 대형목으로 심어야 하는지 검토해야 한다. 우리의 가로는 서구와 달리 좁은 도로가 많다. 인도가 있더라도 반드시 가로수를 심을 필요가 없는 곳은 가로수를 심지 말아야 한다. 또, 가로수를 심더라도 대형으로 자라지 않는 수목을 골라서 심는 기술적인 아이디어도 내야 한다.

대로변에 가로수를 심는 위치도 도로에 바짝 붙여 심으므로 나무가 커 가면서 나무뿌리가 경계석을 넘어뜨리게 심어서는 안 된다. 나무가 성장하여 경계석이 넘어지고 경계석 보수공사를 하는 사람은 가로수의 소중함을 몰라 도로를 향해 자란 나무의 뿌리를 절단한 후 경계석

경계석을 밀어올리는 대형가로수

을 바로 놓는다. 뿌리가 손상된 가로수는 병이 들어 죽고 또 수목을 교체하는 악순환을 계속하는 일은 중단되어야 한다. 그러므로 가로수는 경계석에서 최소한 1m 안쪽에 심어야 한다. 그래야 이 나무가 크게 자라도 차도와 경합하지 않고 우리도 아름드리가 넘는 가로수가 즐비한 도시를 자랑할 수 있다.

가로수를 심을 때부터 우리는 너무 완성형을 요구한다. 식재하는 수종이 어떠한 수종이든 심을 때부터 아름다운 형태를 갖춘 수종을 원한다. 그러니 자연히 지하고가 너무 낮다. 인도에 가까이 붙어서 달리는 차는 대형차가 많다. 나무가 자라 지하고가 낮은 가지가 굵어지면 그 나뭇가지는 차량 흐름을 방해 한다. 낮은 가지를 자르면 자세가 잡혀 있던 나무는 기형으로 변한다.

또, 굵게 변한 가지를 자르면 원줄기가 썩고, 병들고, 죽고, 교체한다. 이런 반복보다는 처음 심었을 때 수형은 좀 마음에 들지 않더라도 나무는 성장하면서 아름다워지는 생명체라는 사실은 누구나 아는 것, 지금 심은 나무가 세월이 흘렀을 때 어떻게 형태를 갖추리라는 것에 대한 자신감을 가지고 공사를 관계하는 사람은 임했으면 한다.

그리고 심어진 가로수의 관리는 가로수 뒤편에 있는 건물 주인에게 상당 부분 일임했으면 한다. 가로수 가지가 자라 건물을 훼손할 것 같으면 건물에서 일정한 거리까지는 자신이 임의로 자를 수 있게 권한을 주어 관리하면 예산을 절약하고 가로수의 아름다움을 유지할 수 있다.

가지치기할 때 일정한 굵기 이상의 가지를 자를 때에는 반드시 전문가의 승인이 있어야 자를 수 있게 하여야 한다. 그래야 함부로 잘라 경관을 해치는 일이 줄어 들 것이다. 요즈음 서울시는 가로수 가지치기에 대하여 여러 가지 교육도 하여 가로수의 수형이 많이 개선하기는 하였으나 아직도 겨울철 낙엽이 다 진 나무의 형태는 아름답다고 할 수 없는 경우가 많다. 천편일률적인 적용이 아니라 지역과 용도에 맞는 가지치기야말로 거리의 경관을 돋보이게 하는 지름길이다.

아무리 서울시가 가로수를 잘 가꾸려 노력해도 겨울철 자기 집 앞의 결빙방지만 생각하여 염화칼슘을 많이 뿌려 피해 수목이 발생하고, 지나가는 차들이 가로수 가지를 훼손하며 다니고, 도로에서 벌어지는 여러 가지의 공사자들이 수십 년 된 수목의 가치를 몰라준다면 소용없는 일이다. 시민이 가로수가 주는 효용과 나무의 연륜에 대한 사랑을 가지게 하는 인성교육이 무엇보다 중요하다.

청주를 들어가는 초입에 늘어선 플라타너스의 길과 담양의 메타세쿼이아 길이 아름답다고 많은 사람이 찬사를 보낸다. 이 길은 사람이 손을 거의 대지 않아서 아름답게 조성된 가로수 길이지, 서울에서 벌어지는 매년 가로수 가지치기로 이루어진 길이 아니다. 서울에는 그렇게 자연스러운 형태로 가꾸어진 가로수 길이 별로 많지 않다. 하지만 우리가 유심히 관찰하면서 궁리하고 실천을 할 때 더 풍성한 도시를 가질 것이다.

상: 청주 버즘나무 가로수 / 하: 담양 메타 세쿼이아

5장

풍수

01. 고무실 터

1992. 3. 9.

고무실은 창녕군 길곡면 덕곡리에 있는 임야이다.

평소에 읽은 여러 제반(諸般) 풍수서적(風水書籍)의 내용을 기초로 하여 고무실 터를 열심히 관찰하여 온 한 사람으로 지금 느낄 수 있는 이 혈(穴)의 특성(特性)을 논(論)하고자 한다.

여기에 언급된 내용은 풍수(風水) 이론에 맞지 않을 수 있고, 너무 주관적인 해석으로 이치(理致)에 맞지 않을 수도 있다. 또 해석한 길흉이 진정한 술사(術士)들이 보았을 시, 정반대(正反對)의 해석이 되어 후손들에게 다른 영향을 미칠 수도 있다. 하지만 지금 본인이 공부한 지식(知識)으로는 이렇게 밖에 해석(解析)할 수 없는 것 또한 사실이고, 이 혈에 대해 가장 애정을 가지고 객관적으로 보려 한 자손(子孫) 중의 한 사람으로, 자손들이 잘되기를 바라는 마음으로 장단점과 보완해야 할 점을 기술한 것이므로 과히 오류(誤謬)가 없으리라 확신(確信)한다.

그리고, 되도록 술사들이 말하는 술수는 중시하게 고려하지 않았으며, 현대에 양식을 가진 이들이 보아서 이해할 만한 내용만 가지고 혈이 좋고 나쁨을 이야기하고, 보충해야 할 것이 있으면 보충해야 할 것을 적었다. 어쩌면 여기에 기술한 것들은 가장 기본적인, 상식선에서 길흉과 보(補)를 이야기한 것이므로 후손들이 명심하고 고칠 것은 이른 시일 내에 고쳐야 하리라는 것이 필자의 심정이다.

알고도 고칠 것을 미루어 자손이 기(氣)를 받지 못한다면 갓끈을 매다가 파장(破場)한 꼴이며, 만약 무엇이 잘못된 뒤에 고친들 소 잃고 외양간 고치는 격일 것이다. 조상(祖上)이 무엇이 안타까워 자손들에게 해(害)를 끼칠까마는, 해를 끼치고 안 끼치고를 떠나 조상의 산소(山所)를 잘 가꾼다는 의미는 후손들의 화합(和合)과 단결(團結)을 의미하는 것이며, 그래도 자주 가보고, 손질하는 산소에서 느끼는 경관이 푸근하고 마음에 들면 평소의 일과(日課)도 잘 풀릴 것이다. 이것만으로도 훌륭한 가치가 있는 것이며, 나아가 조상의 기를 느낄 수 있으면 그 이상 더 다행한 것도 없을 것이다.

태조산(太祖山)은 영산(靈山)의 주산(主山)인 영취산(靈鷲山)으로 하고 있고 조산(祖山)은 함박산으로 하고 있다. 영취산이 양의 기세라면 함박산은 생김새가 수려한 여성적인 음(陰)의 산이라고 볼 수 있다. 특히, 함박산은 회룡고조(回龍顧祖)의 형태로 영산을 형성하고 있으며, 이 회룡고조의 형태는 산태극(山太極)을 만들어 넓은 영산, 도천벌을 만들고 있다.

고무실골은 이 함박산에서 회룡고조의 안쪽에 있는 것이 아니라 외부에 위치하여 태조산(太祖山)을 되돌아보는 것과는 다분히 거리가 있어서 그 나름의 다른 해석이 필요하다. 원래 함박산은 그 뒤에 있는 산의 봉우리가 더 높다. 그러나, 영산에서 보면 뒤쪽의 더 높은 봉우리는 잘 보이지 않아서인지 앞의 더 낮은 산이 더 유명하게 이름이 알려져, 함박산이 조산으로 그 형세를 이루고 있다. 함박산의 좌측 수염 부위에 '전제(全齋, 임진왜란 당시 영산현감)의 기념탑이 서 있고, 콧잔등에 해당하는 부위에 3.1운동 기념탑이 옮겨져 있다. 그리고, 양박골이나 부처골이 눈에 해당하지 않나 생각된다. 그러면, 이상과 같은 형국론적인 관점에서 보면 고무실골은 자연히 귀나 뿔에 해당하는데, 일반적인 풍수의 학설상 눈에 해당하면 흉(凶)하고, 귀나 뿔은 길경(吉景)이라고 하므로 위치는 그런대로 괜찮은 곳이다.

지금까지의 내용은 영산의 주산(主山)인 영취산과 함박산을 중심으로 형국론과 기타의 내용으로 해석해 본 고무실골의 길흉(吉凶)에 관한 것이고, 덕실리나 가마골 근처에서(더욱 정확히 말해서 지형적인 분석이 아니라, 고무실골이 바로 보이는 덕적교 부근에서) 본 고무실골의 터에 관하여 이야기하자면, 함박산에서 내려온 주산의 용맥(龍脈)은 좌로 치우쳐져 있다. 고(考)로 혈(穴)은 당연히 좌측에 있으니 지금의 묘(墓)자리는 그런대로 제자리에 자리 잡은 것이 분명하다.

앞에서 산을 살펴보면 오성(五星)상 금성산(金星山)이라 볼 수 있겠다. 우리나라의 기운이 목성(木星)이고 보면 금극목(金剋木)으로 이 터는 본체(本體)를 극(剋, 이기다)한다(해석은 용이치 않다). 금극목(金剋木)이므로 모체(母體; 한반도)는 이 산의 재운에 해당하고, 이 산은 한반도의 관살(官煞, 이것이 발동하면 재앙이나 궂은일이 생긴다고 한다)에 해당한다. 그것이 주는 의미는 공부가 부족하여 잘 모르겠지만, 나쁘지는 않을 것이다. 즉 재관(財官)이 상생하여, 인재 아니면 재물(財物)이니 나쁠 것이 없다.

그리고 산의 형상이 불룩하게 나와 있는 양(陽)의 산이므로 이산의 음혈(陰穴)에 묘를 써야 좋은데 아버지, 어머니 묘는 도로에서 보이므로 음혈(陰穴)이라고는 보기 어렵다. 고로 문제가 있는 것이다. 보(補)하는 방법으로 도로에서 혈이 보이지 않게 주위에 나무를 심으면 혈이 심장(深藏)되어 깊숙이 들어가게 된다. 음혈의 지국(地局)으로 바꾸면 좋은 형국이 될 것이다.

혈에 올라가서 주위를 둘러보면 양의 산중에서 곳곳에 음의 혈이 산재해 있는 것을 볼 수 있다. 주맥(主脈)을 제외한 부분은 약간 움푹 들어가서 장풍(藏風)이 잘 될 듯한 음의 혈로 보면 큰 무리는 없을 것이다. 그러나, 산을 바라보았을 시 그러한 곳은 산의 주맥을 타고 있지 않아서 정혈지(定穴地)로 보기에는 문제가 되는 것이다. 아버지의 묘터는 주맥 위에 위치하는데, 장비로 주위를 평평하게 다져 놓아서 약간 들어간 형상을 취하고 있어 그런대로 음혈을 갖추려고 노력을 하였다. 이러한 곳은 위령(圍囹)을 높게 쌓아 장풍(藏風)에 치중하여 음기를 더욱 높여야 하는데 묘를 쓸 당시 그러한 식견이 없었고, 시간적 제약 때문에 위령이 과히 높지 않아 장풍이 확실히 되지 않는 결점을 지니게 된 것이다. 이제 와서 위령을 더 높게 쌓아 올릴 수는 없고, 이 결점을 보하는 것이 자손들이 해야 할 가장 중점적인 일인 것이다.

혈의 좌(坐)는 간좌(艮坐)를 취하고 있는데 주맥 방향에서 볼 때 바른 방위라고 볼 수 있겠다. 주 혈에서 보면 좌청룡(左靑龍)과 우백호(右白虎)가 좀 너무 길다 싶을 정도로 뻗어 있는데 이것은 양혈(陽穴)에 해당하는 본혈(本穴)의 위치를 좀 깊숙하게 자리 잡은 듯한 감을 주어 양의 기운이 누그러지는 듯한 기분이 들기는 하다. 그러나 바로 혈의 주위가 장풍이 되어 기(氣)를 모으는 것이 더 중요한데 현재의 혈은 그러하지 못한 것이다.

좌청룡이 우백호보다 길고 산세도 높아 감싸는 형태를 취하고 있다. 좌청룡은 도덕봉(道德峰)에서 내리뻗은 기세가 자못 웅장하고, 우백호는 여성스럽고 순탄하여 노년기 지형에서 볼 수 있는 부드러운 완만함을 갖추고 있다. 좌청룡은 힘이 넘치는 것 같고 한편으로 생각하면 위압스럽기까지 하다. 우백호의 빈약함이 강조된다고 볼 수도 있겠다. 우백호는 재물과 여성을 상징하고, 좌청룡은 관직과 남성을 상징한다고 보면 청룡이 백호를 능가(凌駕)하므로, 재산가(財產家)보다는 인재(人才)가 날 수 있는 지형이라고 단정한다면 너무 자화자찬인지 모르겠다. 재물 보다는 인재가 날 수 있는 지형임은 틀림없다.

앞의 전망은 낙동강까지 막힘이 없이 트여 시원스럽게 개장(開張)되어 있으나 안산(案山)이 없는 것이 흠이다. 안산은 신하 중 가장 주필(主弼)이 되는 신하인데 이것이 생략되는 것은 바람직하지 않다. 앞쪽의 덕실마을을 안산으로 삼으면 가히 족할 것이다. 마을이란 사람의 출입이 번잡한 곳이므로 여러 사람을 부리는 일에 종사하는 후손이 나올 수도 있는 길지(吉地)로 볼 수도 있는 것이다.

이젠 이 혈의 가장 큰 약점인 장풍이 잘 안 되는 것을 보하는 방법에 관하여 이야기하겠다. 후손들이 진실로 심혈을 기울여야 할 부분이기도 하다. 만약 여기에 논한 문제점을 보충하지 못하면 그만큼 자손들에게 돌아가는 음덕도 적을 것이다. 그렇게 된다면 그것 또한 그 집안의 천운인 것이다. 문제점을 알고도 고치지 못한다면 어쩔 수 없는 것이 아니겠는가?

우백호를 자세히 보면 여성적이며 수려하고 완만히 뻗어내려 아름답다. 그러나 좌청룡에 비하면 너무 세가 약하고 겨울철에 보면 혈이 휑하니 트여 너무 강하게 부는 겨울바람을 막지 못하므로 우측을 보강함이 필연적이라 하겠다. 필자는 상록수종의 나무를 심어 바람을 막고, 여름철 저녁의 지는 해를 가리어 혈이 화기(火氣)를 타지 않도록 하는 것이 가장 현명한 방법이라 생각한다. 특히, 영산 쪽으로 넘어가는 도로의 고갯마루가 혈장(穴場)에서 보이지 않도록 가려주어 파구(破口)가 보이지 않게 하는 것도 혈의 기를 보호하는 데 상당히 도움이 될 것이다. 또 혈의 우측 위렁 바로 옆은 골이 지고 경사가 급해서 침식 우려가 크므로 바로 그곳에 나무를 많이 심어 침식을 방지하여 도시혈(盜屍穴)이 되는 것을 막도록 노력해야 할 것이다.

좌청룡을 보면 좌청룡의 주봉인 도덕봉(道德峰)은 자못 자태가 위압적이다. 할아버지 묘소에서 보면 별로 그렇지 않은데 부모묘는 아래에 치우쳐 있으니 당연히 그 느낌이 강하게 느껴지는 것이다. 그 위압적인 감을 누그러뜨리고 부드럽게 다가오게 하는 방법을 당연히 마련해야 할 것이다. 본인의 생각으로는 혈의 좌측 멀리 거대수목(예:느티나무)을 심어 성묘하러 올 때 쉴 장소를 제공하여 주고, 큰 나무가 도덕봉의 아랫부분을 가려서 점층적으로 시선을 상승시킬 수 있는 효과를 주면 그 위세를 상당히 누그러뜨리고 도덕봉이 나뭇가지 사이와 위로 보여 인자한 모습으로 다가올 수 있어 길하리라 생각된다. 느티나무 뒤에 보이는 산은 심리적으로 크게 보이지 않는 것은 당연하며, 좌청룡의 위세를 누그러뜨릴 수 있다. 그 외는 개활지로 넓고 시원하게 트인 느낌을 주도록 조성해야 할 것이다. 그 외에도 도덕봉의 높음을 감소시킬 방법을 동원해야 할 것이지만 도덕봉이 가려져 혈에서 봤을 때 보이지 않게 되어서는 안 되는 것이다. 도덕봉을 얼마나 인자하게 다가오게 조성하는가가 환경지각 심리적으로 볼 때 이 혈을 명당으로 만드는 중요한 요소임을 명심해야 한다. 도덕봉이 잘 다스려질 때 3대 안에 도덕군자가 배출될 것이다.

이상의 이야기에서 좌는 높고 강하므로 순화시켜야 하며, 우는 낮고 유순하므로 보하고 강조해야 한다고 설명하였다.

혈을 살펴보면 양혈에 해당하므로 오행상(五行上) 화(火)에 해당하는 석물(石物)을 많이 갖다 놓는 것은 좋지 않다고 볼 수 있다. 그러한 의미에서 부모님을 석관(石槨)에 모시지 못한 것은 잘한 일이다. 그러나 바닥을 파보니 암(岩)이 나오고, 도래석, 상석 등 석물을 적당히 사용하였으므로 잘된 일이라 할 수 있겠다.

앞을 보면 너무 시원스레 뚫어져 있으므로 혈의 바로 밑, 석축 앞에 낮은 키의 나무를 심어 전방이 약간 빙 둘러앉은 듯한 감을 주면 좋을 것 같다. 즉, 목백일홍을 심어 키가 크지 않게 전정을 하든지, 라일락 등을 심어 라일락밭을 만들든지 하는 것도 하나의 방법이다. 남방은 화이므로 화려하게 꽃이 피는 화목류(花木類)가 적당하다고 생각되나 산이라는 것을 참작하여 생육에 강하고 키가 너무 크게 자라지 않는 수종을 선택하여, 혈에서 보았을 시에 안산에 해당하는 앞마을(덕실)이 가려져서는 안 된다는 것을 명심해야 할 것이다.

아무리 명혈에 자리를 잡아도 바로 그 혈을 감싸고 보호할 주위의 분위기가 형성되지 않는다면 그 혈에 대한 기를 받기란 힘든 것이고, 아무리 악혈(惡穴)에 자리를 잡아도 그 주위를 잘 가꾸면 그 땅의 지기란 최대한 발휘되는 것이다.

이상에서 고찰한 것을 근거로 유추하면 고무실 골은 상당히 괜찮은 땅임을 알 수 있다. 그러므로, 후손들이 이 땅의 역가(力價)를 높이기 위하여 최선을 다해야 할 것이다.

사족을 부치자면 이 혈을 행주형국(行舟形局)으로는 볼 수 없을까 하고 생각해 본다. 그렇다면 혈은 배의 마스터(master)에 해당한다. 그렇다면 자손은 이곳에서 멀리 떨어진 곳에서 살게 된다는 것인데 이렇게는 별로 해석해보고 싶지 않은 대목이다. 그러나 연구는 해볼 만하다고 생각된다.

경주 왕릉

02. 서울 형상

1993. 1. 15.

서울의 주산은 북악산이고, 좌청룡은 낙타산, 우백호는 인왕산, 안산은 남산, 내당수는 청계천이라는 개념은 이제는 탈피되어야 한다. 청계천은 복개된 지 이미 오래고, 강남의 세가 강북을 추월하기 시작한 지도 제법 시간이 지났다. 그러니 자연히 남산은 중앙 공원으로 화한 지도 오래 전의 일이다.

이제는 서울의 중심은 남산 또는 용산, 신사동 일대로 하고 북은 태조산이라 일컫던 북한산으로, 남은 괴산(魁山)이라 칭하던 관악산, 우는 망월산(望月山, 179.4m) 또는 백련산(白蓮山, 215.5m), 좌는 용마봉(龍馬峰, 348m), 내당수는 한강으로 해야 할 것이다.

예전의 풍수로 볼 때 안산(관악산)은 주산에서 돌아앉아 자세를 취하고 있어 밑 동네(서울대 자리)는 배역의 무리가 많이 나오는 것이 아닌지 모르겠다. 지금의 관악산은 화승지국(火昇之局)이나 서울로 향한 앞마당에 많은 건물과 마을이 들어서 읍을 하는 자세로 봐야 할 것이다. 또 남쪽에 火의 기세가 충만하니 오성귀원격(五星歸圓格)으로 보면 남쪽이

화의 형국으로 보이는 것은 좋은 모습이다.

우측(만월산)이 빈약하므로 제대로 나라가 꾸려질 것이다. 우측이 항상 강한 경복궁 터는 정치를 담당하는 실질적인 세력보다는 다른 방계의 세력이 정치를 좌우하는 경향이 많았는데, 우측이 약하다는 것은 좋은 징조이다.

좋지 않은 점은 안양천이 역입하므로 역시 남쪽에서 몰려오는 화근(水의 세력)이 문제가 될 수 있다. 하지만 큰 한강이 막아주니 이것 또한 부수적인 문제가 될 것이다.

이렇게 볼 때 지형적으로 남산의 아래쪽인 용산 터가 혈이 되어야 한다. 비록 공격사면에 위치하나 충적층이 아니고 지대가 높아 별문제 없다. 한시바삐 미군이 이 땅에서 떠나야 국가가 부강해질 것이고 이곳에 한반도를 호령하는 중심이 들어서야 한다. 마땅히 국가 기관이나 공공시설물이 들어가 土의 위치를 바로 세우고 정성을 다하여 가꾸어야 나라의 천년 대계를 논할 수 있다. 절대로 일부 계층을 위한 시설은 불가하며 국민이 자유롭게 이용할 수 있는 공간으로 가꾸어야 한다.

용산의 동쪽-공격사면, 보광동, 한남동, 옥수동 쪽에 대규모 목이나 토에 해당하는 시설물을 놓아 수기(水氣)로부터 비보(備保)하면 충분하다(예전에는 사찰 등을 지었음). 한강의 水를 土로써 제압하려 하면 엄청난 경비가 소요될 것이다. 그러므로 나무를 많이 심어 木의 기운(氣運)으로 강수(强水)의 기운을 누설시키는 것이 낫다. 고로 시설물 중 가장 목기(木氣)가 강한 자연녹지가 적합하다. 수기를 받은 목의 기운은 용산의 토와 火의 기운을 받아 더욱 융성해질 것이다.

서울의 혈인 경복궁의 근정전은 이미 혈로서 자격을 상실한 지 오래다. 앞에 일제가 석조건물을 지어 목조건물의 기운을 누를 때부터 이미 이미지상 그 건물은 사람의 시야를 벗어나 잊힌 혈이 된 것이다. 그리고 그 후 세월이 흘러 옛 고궁의 하나로 남아 휴식 내지는 사적(史蹟)인 가치 이상 그 이하도 아닌 터로 전락했다.

그 앞에 20층이나 되는 정부종합청사가 들어서면서 꼴사납게도 건물이 위치한 곳이나 향(向)이 동향인 점에서 좋은 자리를 잡았다고 보기도 힘들고, 큰 대로인 세종로에서 중앙청에 읍을 하는 종1품의 자세로 우뚝 서 있는 것부터가 이미 국립박물관으로 변해버린 중앙청(그 당시는 가치가 있었을지도 모르나)에서 지금 보면 이상한 꼴이 되어 오히려 세종문화회관의 좌측에 빌붙어있는 꼴이 된 셈이다. 어쩌면 아담하게 넓은 터를 자리 잡은 미 대사관보다 오히려 주변에 어울리지 않는 곳에 있는 건물인 것 같아 안타깝다.

다행히 거의 모든 부처가 과천으로 옮겨 앉아 관악산 주맥의 위용을 받고 있어서 다행이지만 내가 알고 있기로는 내무부 등은 아직 이 건물에 남아있는 것으로 알고 있다. 그리고 이 사대문 안에 높은 건물이 계속 들어서 경복궁의 근정전은 폭삭 내려앉은 것같이 느껴져 건물들의 숲속에 묻혀 그곳이 혈인지도 모르게 된 지도 오래 전이다.

세종로를 차를 타고 지나다 보면 광화문 좌측 너머로 새로 지은 청와대가 보인다. 아마 풍수가들의 입방아 때문에 흙을 수백 차 받아 세종로에서 이 건물을 보이게 하려고 노력했다는 풍문이 있고 보면 그 노력이 역겹게 느껴진다.

가까이 가서 보면 아주 웅장하고 호사스러운 건물이었지만, 위정자의 노고가 가엽게만 느껴지고, 초라하게 보이는 주변 건물에 지나지 않는 것으로 보이는 것이 청와대 신관인 것이다(청와대 근처 통행이 자유롭지 않은 지금 상태로서 세종로에서 지켜볼 수밖에 없는 국민의 한 사람으로서 이렇게 느껴진다). 그리고 과연 산의 직접적인 비호를 받지 않는 터가 혈이 될 수 있을 것인가? 지금의 내 공부상태로서는 '그렇다'라고 하기는 힘들 것 같다.

물론 그러한 땅은 반드시 존재하고 그러할 경우도 많을 것이지만, 일전 언급한 서울의 용산 부근이 이젠 서울의 혈이 되어야 한다는 것이고 남산이 혈로써(Land Mark) 구실해야 한다고 생각한 부분은 지금 봐도 그렇게 느껴지는 것은 어찌할 수 없다. 그리고 본인이 너무 시각적인 것에 치중하여 풍수의 기를 해석하고 있는 것이 아닌지 모르겠다. 진정한 기의 흐름이란 보는 것으로는 해결이 안 될지도 모르는데 현대과학의 실증주의의 해악에 너무 물들어 있지는 않은지 모르겠다.

청와대 앞 분수대와 영빈관

03. 아산에 있는 외암리

2003. 11. 20.

주산인 설화산 전경

외암리는 민속촌으로 지정되어 있는데, 이곳은 인위적으로 조성된 용인의 민속촌과는 달리 지금도 사람이 사는 곳이고 낙안읍성처럼 성곽으로 둘러쌓이지도 않았다. 그냥, 자연적으로 조성된 우리나라의 전통시골 마을이다.

마을에 들어서니 동북방에 주산인 설화산이 서 있고 좌청룡이 겹겹

안산 앞에 큰 건물이 들어서 있는 전경

이 펼쳐져 있는데 우백호는 약한 편이었다. 마을 앞의 개천은 좌에서 우로 흐르고(이것은 좌청룡이 잘 발달했으니 격국에 맞다고 볼 수 있다.) 그 앞의 펼쳐진 들판에 안산이 다소곳이 읍을 하듯 서 있는데, 그 안산 앞에 커다란 고층 건물이 하나 들어서 있었다. 무슨 대학이라나… 경관을 심하게 망쳐 놓은 형국이 되었다.

마을이 있는 곳은 설화산의 기맥이 흐르는 거북 등 같은 도톰한 언덕이다. 마을의 좌, 우측은 골짜기로 물이 흐르고 앞의 냇가도 수량이 적지 않고 앞의 벌도 넓으니 아주 풍족한 마을이었을 것이다.

하지만, 우백호가 아주 빈약하여 그것을 보(保)하기 위하여 마을에서는 소나무를 심어 놓았다. 서북쪽에 해당하는데 겨울의 삭풍이 상당히 심했을 것이다. 마을을 돌아다녀보니 산에서 내려오는 물을 마을로 끌어들여 마을의 여러 집을 돌고 돌아 나가게 되어있는데 이것은 서북방

돌로된 담장. 거북 등의 지형에 거북이 움직이지 못하게 무게를 실어주는 비보책으로 안성 맞춤이다

이 허하여 겨울철 불조심에 대비하지 않았나 생각이 든다.

특히, 거북등의 지형은 돌이 많아야 하는데, 이곳에서는 돌이 많이 나왔다고 한다. 그래서인지 이곳의 담장은 거의 돌로 되어있었다. 돌담장은 딴 곳에서 느끼기 힘든 아름다움을 주었다. 이것은 풍수적으로 볼 때, 거북이 달아나지 못하게 무게를 실어주는 우리나라 전통의 풍수에서 억부법의 대표적인 전형이라 할 수 있겠다.

마을에는 조선 시대의 유명한 정치인, 문객들이 나온 큰 집이 즐비하였는데, 그 집의 정원은 소나무, 단풍나무, 배롱나무 등 여러 가지 나무가 고목이 되어 오래된 기와집과 조화를 이루어 운치가 있었다. 그러나, 우리나라 전통 양식상 단풍나무는 과거시험에 떨어지는 단풍을 연

정원

상시키는 만큼 선비들이 기거하는 서재 앞에는 심지 않는 관례로 비추어 볼 때 예전의 조경수 그대로 보전했다고 보기 힘들 것 같다.

어떤 대가(大家)에는 집안에 연못을 학의 형상으로 파 놓았는데 좌우에 걸린 석교, 주위 돌 수로에 쌓아놓은 돌쌓기와 나무 식재 등의 기법을 볼 수 있었다. 이 조촐한 우리 선조의 빼어나지 않는 실력에서 대교수졸(大巧守拙)이라는 의미를 다시한번 생각하게끔 해 주었다. 이것도 역시 정원의 일부분으로서 아름다움을 줌과 동시에 겨울철 불조심에 대한 방비책이었을 것이다.

마을은 전체적으로 기와집과 초가집이 어울려 조화롭고, 평화로우며, 안온하고, 따뜻한 기운이 감싸고 도는 지형이었다. 이러한 곳은 풍수적으로 조금은 흠결이 있어도 그런대로 무난하게 넘어갈 수 있으니 마을 사람들이 거의 오백 년을 가꾸고 다듬으며 편히 살 수 있는 곳이

잘 자란 소나무의 거북 등 같은 껍질만 봐도 마음이 편안하다

다. 그러한 흔적이 곳곳에 배어나고 있다.

지금 마을 주위를 흐르는 개울을 깨끗이 정리하는 사업이 한창이었는데, 자연형 하천을 좌우에 돌로 깨끗하게 정리하는 것이 과연 옳은 일인가는 의문이 든다. 이토록 주위의 자연이 아름답고 빼어난 곳에서 (주위의 모든 것이 자연인데) 이러한 인공적인 것이 만들어진들 인간에게 얼마나 편리함을 줄지는 의문이다. 환경을 얼마나 훼손하고, 생태계를 교란하고, 종이 얼마나 감소하는지 검토는 하였는지 의문이다.

이것이 우리의 슬픔이자 아픔이다. 그곳에 기거하는 사람은 도시에서 잠시 오는 사람을 위하여 자신의 불편함을 감수할 수는 없는 것, 환경의 지킴과 편리함의 추구가 영원한 평행선이 되어서는 안 되고 우리의 문화유산을 지키면서 현대에 맞는 이론과 방법으로 정리하는 날이 와야 할 것이다.

외암리 대갓집 대문

04. 청와대 단상

2007. 1. 23.

청와대 주위 산세를 관찰해 보면 주산은 북악산이고 좌청룡(예전에는 낙산이었지만 지금은 숲이 남아 있는 것으로 보이는 비원 쪽과 종묘로 연결되는 숲이 오히려 선명하게 보인다), 우백호(인왕산, 무악재 쪽에 집이 들어서 있는 건(乾)방이 허함을 보인다.)가 있고, 앞은 경복궁이 보이며, 경복궁 뒤에 깊숙한 곳에 있는 청와대 잔디밭이 보이고 뒤로 숙소가 보인다. 북악산에서 흘러내려 온 기가 흐르는, 한마디로 봉요(蜂腰)에 해당하는 지형임을 알 수 있다.

사진1: 경복궁 뒤의 청와대 본관과 영빈관 기타 부속 건물들이 보임. 숙소는 좌청룡이 길게 우백호를 껴안고 있는 형상으로 남동남의 마당(잔디밭)과 함께 앞에 도로가 나 있어 안온하다. 아마 주 휴식을 위한 방(대통령 숙소)은 좌측동일 것 같다. 뒤쪽의 숲이 도톰한 것으로 보아 기(氣)가 내려오는 것이 보인다.

본관 앞의 부속 건물이 방사선으로 배치되었다. 본관 중심의 뜻을 사방으로 뻗어 알린다는 뜻도 있겠다. 하지만 돌아선 건물들이 많아서 자신을 더욱 뽐내는 것 같은 건물도 많은 게 흠이다. 아마 전체적인 구상을 하고 건물을 짓지 않아서 일 것이다.

사진2 : 확대 사진. 배치한 여러 건물이 선명히 보인다. 우측 끝에 있는 문이 일반적으로 일반 관람객이 출입하는 문이다. 본관 우측에는 원래 총독관저가 있었는데 헐리었다고 한다. 조선제일길지(朝鮮第一吉

地)라는 글귀가 자연석에 새겨져 있다. 좌측 아래 사각형 건물이 영빈관인데 기둥이 23m의 통돌로 된 황등석이라고 한다.

청와대는 보는 바와 같이 경복궁의 뒤에 위치하여 여러 가지 풍수적으로 문제가 많은 위치에 있다. 그래서 청와대를 개보수할 때(노태우 시절), 너무 깊숙이 건물이 들어 앉아 세상의 물정을 파악하지 못한다는 의견이 있었다. 그래서 전대의 대통령들이 문제가 많다는 풍수의 지적을 개선하기 위하여 흙을 수천 대를 갖다 부어서 본 건물을 세종로에서도 볼 수 있게 높여 놓아 풍수의 흠결을 보완해 놓았다고 한다.

북한산(조산)에서 내려오는 정기가 북악산(주산)에서 맺혀 경복궁의 근정전에 혈이 맺혀있고, 그 앞의 명당이 세종로 광교 일대이고 내당수로서 청계천이고 좌청룡으로 낙산(서울대 병원에서 보면 동쪽에 있는 산)이고 우백호가 인왕산이라는 사실은 우리가 잘 알고 있다.

우백호가 너무 높아 외척이 득세한다는 것도 잘 알고 있다. 그리고 건(乾)방(서북쪽: 무악재)이 낮아 북쪽으로의 외침(外侵)이 있을 것이고, 남으로는 관악산이 훔쳐보니 불(火)의 관악산으로 인하여 임진왜란이 일어나고, 급기야 일본이 우리를 식민지화했다는 것도 다 아는 풍수론자의 믿거나 말거나 한 이야기이다.

또, 안산에 해당하는 남산은 목성(木星)의 산이고, 남쪽으로부터의 화기를 막기 위하여 '숭례문'의 글씨를 세로로 써서 맞불 작전을 펴고 그것도 모자라 남대문 앞에 연못을 파서 관악산의 화기를 잠재우려는 눈물겨운 노력을 하고, 동쪽 좌청룡인 산의 낮음을 보(補)하기 위하여 동대문의 글씨를 '흥인지문'이라고 써서 산의 지형을 보완하려고 했다는 사실이라든지, 서북쪽이 낮아 골바람이 세니 남장의 높이를 낮게 제한하였다는 것도 다 아는 이야기이다. 이는 겨울철 북서풍이 불 때 화재를 대비하기 위하여 서북방이 낮으면 도둑이 심하니 담장을 낮게 하라고 임금이 명했다는 설도 있다는 것을 잘 알고 있다.

이러한 흠결이 있음에도 이 정도의 명당이라면 아주 준수한 명당이라는 것이 일반적이 학설이다. 사실 서울을 보면 이 정도의 넓은 벌판, 큰 강(한강), 빼어난 산(북한산, 관악산, 인왕산, 남산 등)을 가진 곳이 그렇게 많지 않다. 지리학적으로 보면 평양은 안 가봐서 모르겠지만 어느 기타 도시보다 아주 좋은 땅의 구조로 되어있다. 인구 천만이 넘는 도시에서 1시간 이내의 거리에 국립공원이 있는 도시는 흔치 않은 것이다.

여기서 청와대의 터에 관하여 이야기하자면, 서울이라는 지리적 구조 중 혈에 해당하는 경복궁 뒤에 위치한다는 것, 경관적으로 너무 깊숙한 북악산 바로 밑에 자리 잡았다는 것, 편협된 곳에 있는 터가 아무리 보완한다고 해도 나아지기가 아주 힘들다고 생각한다.

즉, 풍수상 기본 원칙에서 벗어난 땅이라는 것이다. 살점이 많은 곳에 먹을 것이 많은 데 살점이 생기기 전인 곳에 무엇이 있겠는가. 개미의 허리에 아무리 보강을 해봐야 개미허리인 것이다. 혈의 맺힘은 개미허리처럼 잘록해졌다가 넓게 벌어져 맺히는 법인데, 잘록하여 기운이 뻗어나는 곳을 조선 제일의 길지라는 푯말을 새우고 혹세무민하는 지관들이 문제인 것이다.

원래 총독관사가 있는 곳은 헐리고, 표석으로 조선 제일의 길지라는 글귀가 세워져 있는데, 이것은 혈이 맺기 전에 조금 도톰해지는 곳을 혈로 착각한 것이다. 이곳은 무덤으로서는 괜찮은 곳일 수도 있다. 그러나 사람이 살 곳은 못 된다. 음택과 양택은 보는 법과 규모, 위치선정의 방법이 다른 것이다. 사람이 살기에 격국((格局; 땅이 가진 타고 난 품격과 중심이 되는 운세)이 좁아 좋지 않는 곳은 기의 흐름이 빨라 3대 이내에 절손이 될 가능성이 있는 땅도 있는 것이다.

청와대는 어찌 되었든 혈의 입수처에 위치한다. 즉 혈의 맺힘이 생기기 위해 빨려 들어가는 곳에 있다. 그래서 좋지 않고, 둘째는 함께하질 못하는 땅이다. 너무 뒤쪽에 위치하여 관조하려고만 하는 위치이다. 이것은 한나라의 정치를 맡은 자가 위치할 곳이 못 되는 것이다.

특히, 요즈음처럼 국민, 시민, 민중과 함께하는 정치를 하지 않는 위정자는 살아남기가 힘들다. 그러므로 이 터는 현시대와는 동떨어진 자리이다. 오페라에서 깊숙한 방 하나를 차지하고 오페라도 감상하고, 주위의 관중들이 어떻게 반응을 하나 보는 자리는 관객과 함께하지 않는 자리인 것이다. 즉, 이 땅에서 휴식하기에는 좋을지 모르지만, 국정을 논하기는 너무 힘이 부족한 땅인 것이다.

셋째, 건물의 배치가 계획에 의하여 일목요연하게 짓지 않았다 보니 산발지하(散髮之河)인 것이다. 건물의 본관과 흩어서 배치하여 영을 잘 받는 것 같이 보이지만 사실 배역의 형태를 취하는 구조가 많아 전부 자기 잘난 박재기 들이 출현하는 부속 건물을 배치하고 있다. 소위 호랑이를 뒤에 세우고 위세를 부리는 여우의 꼴이 지금 건물의 배치인 것이다.

대중과 호흡하는 정치를 요구하는 현세대에는 맞지 않는 이곳에 무수한 정치인들은 들어가기를 갈망한다. 참으로 불행한 일이다. 하지만 길이 없는 것도 아니다. 우리의 풍수에서는 길을 열어놓고 있다. 그 터를 울리는 자가 대통령이 되어 이 터의 주인이 된다면 모든 것이 변한다고 한다.

즉, 우리의 속담에 끗발(행운이)이 좋은 자에게는 아무런 실력이 필요 없다는 것이다. 터를 울리고 그러한 기운을 잠재울 수 있는 자는 누구인지는 모르지만 그러한 대통령을 갖는 순간 대한민국은 도약하는 것이다.

깊숙이 내재하여 있는 터의 속성을 민중 앞으로 나오게 하는 힘이란 별것 아닐 것 같으면서도 참으로 힘든 것이다. 김영삼 씨는 청와대 앞길을 개방했다. 그것도 진일보하는 일이다. 언제부터인지 미리 신청하면 토요일에 청와대를 둘러볼 수도 있다.

그러나 이러한 가시적인 조치로는 아직은 멀었다. 어떻게 하면 가까우면서도 권력의 상징인 곳으로 만드느냐는 지금까지 아무도 모르는 것 같다. 그러한 대통령이 빨리 나오기를 바랄 뿐이다.

그렇다고 이 청와대의 땅이 천하에 몹쓸 땅이냐 하면 절대 아니라고 단정할 수 있다. 지금까지는 단점을 너무 비약해서 말했지만, 사람이 거주하기에는 상당히 좋은 곳이라 할 수는 있다. 단지 일국의 통수권자가 앉아 있기는 좀 흠결이 많은 땅이라는 것이다.

어쩌면 경복궁이 없어진다면 땅의 팔자가 확 바뀔 수도 있지만, 우리의 문화재를 더욱 보존하고, 재건하고, 복원하는 것이 요즈음의 추세고 보면 경복궁을 옮길 수는 없고 경복궁의 기가 아직은 없어진 것 같지는 않다. 경복궁의 기운이 국민에게 관광의 대상으로 어떻든 남아있는 한 청와대 땅의 기운은 별반 도움이 되질 않는 것이다.

이렇다 보니 자연히 지(地)의 기운을 빌리기보다는 인(人)의 기운에 의한 지(地)의 기운이 변하기를 바라는 마음이 더욱 간절하다. 인의 기운에 의하여 땅의 기운이 바뀐 예는 얼마든지 주위에서 볼 수 있고, 가능한 것이다. 그것이 바로 국운이라는 것일 거다.

우리나라가 복이 있으면 그 터의 주인이 나와서 기운을 바꾸든지, 아니면 더 좋은 터를 찾아 대통령관저를 짓든지 해야 할 것이다. 터를 보는 사람으로 완벽한 것이 없는 곳에 가서 잘 되면 그곳에 머무는 자의 인치(人治)를 생각하게 한다.

조선 총독을 지낸 자치고 잘된 집안이 없다는 글을 어디서 읽은 기억이 있다. 그리고 총독관저에서 보낸 초대부터 전두환까지 결코 잘된 생을 살다가 가진 못했다. 그리고 노태우부터 새로운 집을 지어서 이사하였지만, 현재까지 그 집에서 살다 나간 사람들의 역경이 그렇게 순탄하지만은 않은 것 같다. 김대중 씨는 지금까지 큰 변고는 없다. 본인의 기가 세어서 그 터의 기운을 어느 정도 꺾었기 때문은 아닐까 하고 생각도 해 본다. 노무현 대통령은 김대중 씨보다는 더욱 불세출이다.

고집이 이만저만이 아니다. 천방지축 그 자체이다. 이것이 상승의 기운을 타고 흔들기가 통하여 땅의 기운을 좋은 방향으로 바꿀 수 있으면 하는 바람을 가져본다. 과연 이 청와대의 음험하고 엿보기에 젖어있는 땅을 대중에게 아무것도 아닌 공간으로 끌어낼 수 있는 인물인가는 역사가 말해줄 것이다.

05. 서울의 인공지반 녹화에 대하여
- 오행(五行)에서 볼 때

2011. 8. 1.

좌청룡(左青龍) 우백호(右白虎), 뒤는 주산(主山), 앞은 안산(案山), 마을을 휘감고 빠져나가는 개천- 이는 동서남북에 산을 설정하고 마을을 둘러싸(圍繞)이게 만들고 수로를 통하여 오염물질을 외부로 배출하는 마을의 구조가 전통적인 길지를 택하는 방법이었다. 아마 우리나라에 이런 지형을 찾기란 매우 어려웠을 것이다. 그래서 많은 술사들은 전국을 돌며 이러한 이론에 부합하는 지형을 찾아 헤매었고 그래도 이런 지형에 가장 가까운 곳을 조선의 수도로 정했을 것이다.

조선 시대에는 사대문 안이 서울의 형국이었으니 북악, 낙산, 남산 그리고 인왕산이 서울을 감싸고 그 내부의 복을 받는 명당에서 사람들이 청계천이라는 수로 토의 메마름을 해결하며 살았다. 특히 남쪽에 있는 관악산은 서울을 침범하는 불길(火)로 대단히 불길한 형상으로 서울의 길지(吉地)를 훼손하는 산이었다.

지금의 서울은 확장되어 남쪽에 있는 관악산은 서울을 즐겁게 만드는 주작(火)에 해당하는 안성맞춤의 형국에 해당하는 것으로 해석해야 한다. 또 동으로는 수락산이 청룡에 해당하고, 서로는 행주산성이 백호에 해당하며, 북으로는 북한산 국립공원이 현무에 해당하여 서울이라는 거대도시를 감싸고 있다고 해석하면 풍수에서 요구하는 것을 충족한다고 볼 수 있다. 한강이라는 거대한 수의 형국이 토를 적셔주어 길지의 풍요로움을 더하고 있는 것으로 해석할 수 있다.

자고로 토(土)는 모든 생물이 잉태하고 자라게 하고 노닐게 하는 기반이 되는 것이다. 그러므로 토는 너무 습해도 메말라도 되지 않는 것이 속성이다. 메마르면 독산(禿山; 민둥산)이 되고 습하면 저습지가 된다. 그러나 지금 우리가 거주하는 터는 고층빌딩과 여러 가지 난개발로 많이 훼손되어 메마르고 메마른 토의 형국이 되어왔다. 어쩌면 우리는 그동안 인간이 사는 땅을 훼손하여 콘크리트 덩어리인 금(金)의 형국으로 만들어 놓았다.

하지만 오행은 상통하고 연결고리를 맺어야 하는 법. 수가 있어야 목이 성할 수 있고(수생목) 목이 성해야 인간이 살기에 적합한데 인간이 밀집하여 사는 환경은 수가 고갈되어 온 것이 현실이다. 여러 가지의 노력으로 청계천도 걷어 내고 한강과 지천도 정비하고 남산과 곳곳에 녹지를 더하여 토의 기운에 생명력을 불어넣고 있다.

큰 그림으로 보면 여러 가지 문제를 해소해주는 듯하지만, 지엽적으로 들여다보면 골목, 내 집 등에서는 토의 메마름을 해결해야 할 문제가 산적해 있다. 여기에 인공 구조물에 녹화를 통하여 우리의 삶을 더욱 풍성하게 하는 것은 현재 꼭 필요한 기술이라 할 것이다. 사람이 쾌적하게 살 수 있는 구조물(아파트 등)을 건조해야 한다면, 활동을 위한 외부 환경은 나무(木), 물(水), 화려함(火)으로 채우는 것이 인간의 삶을

시내에서 본 남산 전경

윤택하게 만드는 지름길이라는 것은 당연하지 않겠는가. 도심의 좁은 지역에서 인공녹화 기술을 통한 목의 확충이야말로 시대의 과제이자 계속 발전시켜 나가야 할 명제이다.

서울의 동서는 한강이라는 큰 강이 관통하므로 녹지의 축이 형성되어 있다. 그러니 북한산의 녹지에서 남산을 연결하고 남산에서 한강으로, 한강에서 관악산으로 녹지를 연결하는 방법으로 남북의 녹지 축을 만들어야 한다.

이렇게 하려면 밀집한 서울의 구조상 인공지반의 녹화 말고는 별다른 방법이 보이지 않는다. 이 축을 완성한 후에 남산을 중심으로 방사선으로 녹지를 확산하는 방법을 취하면 서울의 녹지는 완성되어 주민의 삶이 아주 윤택해질 것이다.

06. 세종시

2013. 12. 13

세종시를 갈 때마다 수도 이전에 대해서 생각하게 한다. 백제의 원래 수도는 위례성 지금의 서울인 것으로 알고 있다. 그런데 어느 날 남쪽으로 천도를 한다. 아마 고구려의 접경지역에 수도가 있다는 것은 많은 어려움과 위협이 되었을 것이다.

그래서 좀 더 편안한 생활을 위해 수도를 옮겼을 것이다. 나는 국력이 쇠하여 수도를 옮겼다고는 보지 않는다. 한나라의 수도를 옮긴다는 것이 얼마나 많은 재정을 소모하는 일인데 함부로 옮길 수 있겠는가? 그러나 이러한 안위를 도모하는 순간부터 진정한 국력이 쇠잔했다고 볼 수 있다.

고구려도 국내성이 수도였다. 아마 중국으로부터 위협을 느꼈을 것이다. 그래서 평양으로 옮겼을 것이다. 그러나 결과는 절대로 좋지 않았다. 국력이 약해져서 평양으로 옮기지는 않았는 것은 확실하다. 남쪽의 백제와 신라를 위협하며 번성했던 때도 있었으나 정작 자신이 대적해야 할 상대에게는 나약한 짓을 했다고 볼 수 있다. 위협에 맞서는 정신이 사라진 것이다.

우리의 행정수도 격인 세종시를 건설한 것은 어떻게 해석해야 할까? 얼마나 많은 투자가 이루어지고 이 도시가 완성되기까지 어떤 불편함이 발생할 것인가? 백제의 전철을 밟지 않는다고 누가 장담할 수 있을 것인가? 안온한 곳에 안주하는 것은 다 갖추고 여생을 편히 쉬는 자의 몫이 아닌가?

그런데 국가란 끊임없는 도전과 응전 속에 발전하는 유기체가 아닌가? 과연 어느 나라가 영원하였는가? 정점에 섰다고 자랑하는 순간 그 국가는 쇠퇴의 길로 들어섰다는 것을 우리는 역사를 통해서 잘 알고 있지 않은가?

세종시로 행정수도가 간다는 것은 남한의 지도를 볼 때 정확한 판단인지도 모른다. 또한, 수도권에 편중된 모든 시설을 분산시킨다는 정책에도 부합한다. 과천으로 정부종합청사가 갔을 시, 그 불편함이란 대단하였다.

특히, 국토부(당시 건설부)에 필요한 서류를 광화문에 가면 발급 받을 수 있었는데 과천을 갔다 오려면 반나절을 소모해야 했다. 시간의 낭비가 대단하였다. 교통이 편리해지면서 이 또한 모든 사람이 당연히 감수해야 하는 일처럼 생각하게 되었다. 오히려 업무를 보는 사람은 반나절 휴식을 취할 수 있어서 좋다는 생각을 하기도 하였다. 이제 여러 부처가 세종시로 갔으니 이러한 낭비를 어찌할 것인가? 이것이 국가의 균형발전과 저울질해 보면 무엇이 이득인지 모르겠다.

강력한 중앙정부에 조그마한 허가를 받기 위해 이젠 하루를 소비하는 것이 일상이 되어버린 것이다. 일하는 속도는 느려지고 직원은 길에서 시간을 보내는 것이 일상화되고…. 서울과 세종시의 이중생활을 해야 하는 사람들의 피로도는 높아지고 있다.

더욱이 마음을 상하게 하는 것은 우리나라 정부는 한반도를 하나로 묶는 생각이 없어진 지 오래된 것 같다는 생각이다. 즉 대한민국은 한반도와 부속 도서로 되어있다는 선언을 포기한 행위이다.

만약 북한까지 생각한다면 한반도의 중앙은 경기도 어디쯤이지 않을까. 충청도로 정부의 중심이 간다는 것은 남북의 고착화를 의미하고 이대로가 좋다는 것인가? 하긴 남과 북이 통일되면 그 혼란을 걱정하는 무리가 많아진 현실이다. 그래서 통일을 바라지 않는 사람도 많다고 한다. 지역주의, 정치적 계산 등, 여러 가지가 복합적으로 구현되어 나타난 것이 세종시를 만들게 되지 않았을까하고 생각한다. 제발 지금 우리가 하는 국토의 균형적 발전과 정부 부처의 지방 이전이 제대로 된 정책으로 한반도의 발전에 이바지할 수 있기를….

07. 용산공원

2013. 12. 17.

어제는 '용산공원 기본설계안 마련을 위한 열린 워크숍'에 갔었다. 토론자로 참석하였는데 참석자 전부 말을 정말 잘 하였다. 나는 아는 것도 없어 할 말이 별로 없었다. 그러나 서울은 오성귀원격을 잘 갖추고 있는 지형 특성을 가지고 있으므로 이에 대하여 이야기하고자 한다.

오성귀원격이 무엇인가? 동에서 청룡의 형상이 남에는 주작의 형상이 서에는 백호의 형상이 북에는 현무의 형상이 있는 것이 오성귀원격이다. 서울은 이러한 형국으로 조성되어 있다. 동에서 낙타산이 남에는 관악산이 서에는 망월산이 북에는 북악산이 중심에 남산이 그 바로 아래에 용산이 있는 것이다. 용산이야말로 서울의 진혈에 해당한다. 이곳을 제대로 살려야 서울이 살고 서울이 제대로 된 형국이 되어야 한반도가 제대로 산다.

이 혈에 공원이 들어선다는 것은 의의가 있는 일이다. 용산이란 지명에서 보듯 용이란 풍수에서 산 또는 산맥을 의미한다. 이 혈을 제대로 살리려면 용산의 지형을 용산답게 만드는 것이다. 남산에서 내려온 산

줄기를 제대로 복원하는 것이다. 제대로라는 말은 옛날의 지형을 복원하는 의미도 있지만 꼭 그럴 필요는 없다.

남산에서 내려온 지세란 원래 그렇게 뚜렷한 것은 아니다. 사람이 살 만큼 평평한 것이 원래의 지형이다. 그러나 기복은 있다. 그리고 그 높고 낮음에 강한 힘이 있었다. 그 기운을 살려 지형을 복원하는 것이다. 지금 그 자리에 건물이 있어도 좋고 길이 나 있어도 좋다.

그 줄기가 수목으로 울창하면 좋지만, 반드시 수목이 울창한 지형으로 복원할 필요는 없다. 예전 우리가 산을 가보면 산의 등성이로 길이 나 있지 않은가? 그렇듯 지형의 맥만 뚜렷하면 된다.

지형이 복원되면 물길은 저절로 살아난다. 물길이 살아나면 사람이 다녀야 할 통로는 쉽게 결정할 수 있다. 이것이 자연에 순응하고 생태적이고 친환경적인 동선체계가 되는 것이다. 용산은 미군이 주둔하고 있어 그 내부의 지형과 물길을 알기 힘들었다. 하지만 조사를 통하여 도시의 가운데 섬에 해당하는 용산공원에 물길을 찾아야 한다. 어려움이 많을 것이다. 그러나 그 물길에 물이 흐르게 하려면 시간과 노력을 병행해야 한다. 인공적으로 물이 흐르게 하는 것은 반대한다.

이 물길이 모이는 곳에 해당하는 전쟁기념관 뒤편에 연못을 만드는 것에 대하여는 기본적으로 찬성한다. 하지만 이 웅덩이가 저습지나 연못이 되든 큰 호수가 되든 상관없다. 반드시 하지 않아야 할 일은 그 연못에 물을 가두기 위해 바닥에 콘크리트를 치고 방수를 위해 시트를 까는 행위는 하지 않았으면 한다. 물이 빠지지 않게 최선을 다하는 조치는 해야 한다. 하지만 물이 전혀 빠지지 않게 하기 위한 완벽한 조치나 분수나 폭포나 기타 시설물을 넣는 행위는 최소화해야 한다. 유지

관리비나 친환경적인 공원 조성을 위해서 필요한 일이다.

아직 조사가 제대로 되지 않았지만 대형 고목을 손상하는 어리석은 일은 하지 않을 줄 안다. 하지만 진정으로 해야 할 일은 그 나무들이 잘 자랄 수 있는 주위 부지확보나 그 나무에 손을 대지 않는 행위다. 이는 상식이 있다면 그대로 두는 것에 중점을 두고 계획하리라 믿는다.

이렇게 이야기를 하고 싶었는데 하지 못했다. 참으로 멍청하다. 대학 교수들과 그 외의 토론자들은 어찌 그렇게도 말을 잘하는지…. 너무나도 잘 알고 있는 상식을 아주 거대한 학설인 양 자기의 주장을 뒷받침하는 예를 들어가면서 설명하는 것을 보면 자신의 주장을 설명하는 데는 아주 부족한 사람인 것 같다.

08. 풍수의 현대적 의미

에코스케이프 2015. 4. 10.

옛날에는 길지(吉地)에서 살면 복을 받아 장수하고 자손이 번성한다고 했다. 또 명당에 조상을 잘 모시면 자손이 잘된다고 했다. 과연 그런지는 증명이 된 곳도 있고 그렇지 못한 곳도 많다.

화장실 자리를 메우고 집을 지으면 3대를 가지 못하여 집안의 자손이 끊어진다는 이야기가 있다. 화장실을 했던 자리라면 온갖 세균으로 감염되었을 것이다. 그 토양 위에 흙으로 된 집을 지으면 세월이 흐르면서 잠복하여 있는 나쁜 세균이 흙의 모세관을 타고 올라올 것이다. 그 위에서 사는 사람은 예전의 열악한 주거환경을 상상하면 병균에 감염되지 않을 수 없으며 건강한 삶을 영위하기는 힘들다는 것은 자명한 이치다. 그러니 3대 안에 자손이 끊어진다고 표현했을 것이다.

또 눈이 오고 나서 며칠 후에 산을 가보면 대부분 눈이 쌓여 있는데 어떤 곳은 안온하여 눈이 다 녹은 장소가 있다. 또 폭설을 만나 거의 죽을 뻔했는데 헤매다가 어느 곳을 가니 눈이 쌓이지 않고 따뜻한 곳이 있어 피신하여 생명을 건진 이야기도 있다.

산을 가 보면 꼭 산짐승이 쉬어 가는 장소가 있다. 그곳에 앉아 주위를 살펴보면 무언가 편안하고 겨울에는 바람도 불지 않거나 여름에는 산들바람만 불고 시야도 트여 경관도 수려하다. 이런 곳이 길지(吉地)라는 곳이다. 그런 기운이 강한 곳은 패철(佩鐵)을 놓아 보면 자석의 움직임이 다르다고 풍수가는 말한다.

과연 땅의 기운이 있는 것일까? 풍수의 기본은 묘(墓)든, 주거지든, 도시가 되든지 간에 적지를 어떻게 고르는가 하는 이론이다. 자연의 변형을 최소화하고 원하는 땅을 찾는 이론이다 보니 좁은 국토에서 적지(適地)를 찾기란 매우 어렵다. 그래서 풍수가들은 산천을 두루 섭렵하여 길지를 봐두고 고객이 묫자리나 집터를 요구하면 보여주고 보수를 받는 생계의 수단으로 삼았다. 그리고 좋은 길지는 비전문가가 봐도 좋은데, 그러지 못한 땅을 좋게 포장하려다 보니 여러 가지 알아듣기도 힘든 술법이 난무했다.

물론, 어려운 술법이 반드시 나쁜 것은 아니지만 지관이라고 다니는 풍수가 중에는 엉터리가 많아 조선 말기에는 사회적 문제가 되기도 했다. 한국의 전통풍수 이론은 크게 여섯 가지로 정리할 수 있다.

바람을 어떻게 모아 통기가 잘 되면서 거센 바람(殺風)이 몰아치지 않는 곳을 택할 것인가를 보는 장풍법, 물이 나지 않으면 사람이 살 수 없으니 득수(得水)를 여하히 할 수 있으며 물을 얻되 불안전한 지형을 판별하는 득수법, 주위 지형을 어떻게 배치하여 산사태를 방지하고 볕도 잘 들 수 있으며 경관적으로도 좋은지를 판단하는 간룡법, 그러한 지형이 있으면 그 중에서도 어느 방향으로 자리를 앉혀야 가장 좋은 경관도 얻고 복을 받는지를 판별하는 좌향론, 그런 명당 중에서 가장 좋은 자리 즉 화룡점정(畵龍點睛)의 자리를 찾는 정혈법이 그 이론의 요체이고, 우리나라는 산이 많고 지형의 기복이 심하다 보니 장군대좌형이니 금계포란형이니 하면서 주위의 지형을 여러 가지 사물에 비추어 설명하면서 독특하게 발달해온 이론으로 형국론이 추가되어 풍수 이론의 근간이 되어왔다. 물론 동기감응론이나 소주길흉론 등의 여러 가지 다른 이론도 많지만, 이 6가지 이론이야말로 풍수 이론의 가장 기본 이론이라 할 수 있다.

서구에서 들어온 이론으로 조경하는 사람들은 많이 배워온 적지분석이론은 자연과 인문 분석기법이 있다.

자연적인 분석으로 지형도를 검토하여 지형이 어떠하므로 이곳은 어떠한 시설이 들어가는 것이 좋은지를 판별하는 법이다. 이와 아울러 경사도, 토양도, 대수층, 식생도, ventilation 등으로 자연적인 상황을 총체적으로 검토하므로 사람이 살기에 적합한지 녹지로 두는 것이 적합한지를 분석한다.

인문적인 분석으로 인구, 남녀비율, 교통망, 나이 조사, 이미지맵 등을 분석하여 적지를 찾는 방법이다. 그래서 요즈음은 적지 분석을 할 때 이 방법을 운용하며 단지를 계획, 설계할 때 사용하고 있다.

풍수의 이론과 서구적 적지분석이론의 본질은 같은데 우리의 전통적인 방법은 미신으로 치부하여 조잡한 잡술로만 여기며 서구의 방법만 올바른 이론으로 알고 현실에서 사용하고 있는 것은 문제가 있다고 본다.

비록 옛날의 풍수 이론 중에 미신 요소나 현대의 생각으로 검토할 때 맞지 않는 것도 있을 것이다. 이런 것은 버리고 수정하여 발전시키면 된다. 그리고 풍수 이론의 바탕을 이루는 기본 중에 현대적인 시각으로 봐도 논리적이고 합리적인 요소는 우리가 백안시할 필요는 없다.

천 년 이상 이어온 이론이 일제의 우리 문화의 말살 정책으로 맥이 끊어지다시피 겨우 명맥만 유지해 왔다. 하지만 최근에 여러 학자에 의해 풍수에 관한 연구 분위기가 일어나고 있는 것은 고무적이다. 풍수 이론을 복원하여 한국적인 적지분석학으로 발전, 전승해야 할 것은 당연히 넓은 땅을 만지는 조경을 하는 사람들이 해야 할 몫이다.

아울러 용어의 복원도 중요하다고 생각한다. 예를 들면, 풍수의 용어 중에서 물이 들어오는 곳을 득(得)이라 하고 물이 나가는 곳을 파(破)라고 표현한다. 물이 들어오는 곳을 얻을 '득'자를 쓰고 물이 빠져나가는 곳을 '파'자를 쓰는 것이다. 얼마나 문학적이며, 의미심장하고, 고상한 표현인가? 또 산맥을 용(龍)으로 표현했다. 산등성이가 굽이치는 것을 용으로 표현한 것도 자연의 굴곡을 용이라는 신성한 동물에 대입하면서 경외감을 가지고 자연을 존경했다는 우리 민족의 자연관을 알 수 있다.

이렇게 경관을 표현한 용어를 지금에 복원하여 쓸 수 없을까? 자연과학 분야의 메말라 있는 직설적인 표현에 인문적인 요소가 가미하면 우리가 사용하고 있는 조경의 학술용어가 더욱 풍부해질 수도 있다고 생각한다.

현대는 과학기술의 발달로 예전처럼 자연을 그대로 쓰기보다는 인공의 기술로 자연을 많이 변형하여 적지를 창출하다 보니 예전처럼 적지를 찾아내는데 어려움이 훨씬 줄어든 것도 현실이다. 하지만 너무 많이 자연을 변형하니 축대가 무너지고, 뒷산에 산사태가 나서 인명의

광교 호수공원

살상을 초래하기도 한다.

자연을 존중하며 이용하는 전통 적지분석방법인 풍수를 세계화에 발맞추어 더욱 발전시키면 새로운 친환경적인 이론의 창출도 충분히 가능하다. 이런 관점에서 조경인들이 풍수 이론에 관심을 가지고 연구하여 우리만의 경관을 해석하는 세계적인 석학이 나오기를 기대하는 것은 한낮의 백일몽일까?

09. 사신도(四神圖)의 공간구현

2017. 1.

고구려 무덤의 벽화에 사신도(四神圖)가 있다. 이는 묘실의 한가운데 관을 놓고 좌측으로는 청룡, 앞으로는 주작, 우측으로는 백호, 머리 쪽으로는 현무가 그려져 있다. 즉 청룡, 백호, 주작, 현무가 사신도의 요체이다.

보통 무덤이나 집이 거의 남향을 보고 있다고 생각하면 동은 청룡, 남은 주작, 서는 백호, 북은 현무가 놓인다고 보면 되겠다. 달리 말하면 좌청룡, 우백호, 전 주작, 후 현무인 공간 속에 있는 것을 말한다. 왜 우리의 선조들은 관 주위에 이런 그림을 그렸을까? 이는 이러한 형상이 전후좌우에 펼쳐져 있는 한 중간에 본인(중심)이 있으면 가장 좋다(吉)고 생각했다.

동쪽은 자고로 푸르고 청룡의 형상이라 생각했다. 청룡이 무엇인가? 길한 동물로 비바람을 몰고 다니는 변화무쌍한 존재이다. 그리고 동쪽이란 아침이며 만물의 시작을 알리는 곳이다. 시작의 색은 푸른색이며 변화를 뜻하며 사람으로 말하면 조용히 서 있는 형상이다. 그러므로 북반구에 사는 일반인의 좌측은 시작과 동시에 개혁을 알리는 곳이다.

남쪽은 붉고 화려한 주작이 노는 곳이라 생각했다. 주작이란 무엇인가? 화려함의 대명사다. 집에 앉아 주로 보는 남쪽 경관은 화려하고 아름다워야 한다. 붉은색은 기쁨의 색이다. 그래서 중국을 위시한 동양의 집 기둥은 붉은색으로 칠했고 좋은 날은 붉은색으로 무장했다. 기쁨은 역동적이다. 기쁜데 가만히 있을 수는 없다. 사람으로 말하자면 춤추고 날뛴다. 동쪽에서 시작된 변화무쌍함은 당해낼 수 없을 정도로 움직임이 강렬하다. 색도 붉은색으로 대표되지만, 남쪽은 모든 화려한 색이 범벅이 되어 표현된 공간이다.

서쪽은 색으로 말하자면 흰색이고 백호의 형상이라 생각했다. 그것도 백호가 웅크린 자세이다. 날렵하게 동물을 낚아채는 것이 아니라 웅크리고 지켜보는 자세이다. 태산과도 같다. 묵직하다.

예로부터 겨울철 북서풍의 영향을 많이 받던 우리의 지형상 서쪽은 가려져 있어야 마음이 안온했다. 정적이어야 한다. 서쪽은 해가 지니 하루의 종결이다. 종결은 평온해야 한다. 사람이 하루의 일을 정리하고 조용히 앉아서 명상하는 자세가 우측에 있어야 길한 것이다.

북쪽은 검은색이고 현무가 있는 것으로 생각했다. 현무란 놈은 거북처럼 생겨 동작이 굼뜨다. 잔잔하게 움직이고 병풍이 펼쳐져 있는 느낌을 나타내는 곳이자 깊이를 알 수 없는 어둠이 깔린 공간이 북쪽이다. 어둠이 있기에 즐겨보고 싶지는 않지만, 뒤를 돌아보면 묵직함이 있으니 안정되어 좌우와 전장(前場)의 아름다움을 즐길 수 있다. 사람의 형상으로 말하자면 조용히 걷는 형상과도 같다.

이러한 공간이 둘러싸인 중앙은 토의 형상이다. 평평하고 약간 높아

주위를 둘러보기 편하다. 색으로 말하자면 황색이다. 만 백성을 거느린 제왕의 자리이며 편안하고 편안하여 아무것도 하지 않아도 즐거움이 저절로 솟아나는 곳이다. 사람으로 말하자면 누워서 있는 형상이다. 가만히 누워 있어도 모든 우주의 이치는 자동으로 통치되어 돌아간다. 얼마나 복된 자리인가?

이러한 공간이 구현되면 천국이라 생각했던 것이 우리나라 고분의 사신도 표현이라 생각한다. 우리 공간도 이러한 공간으로 꾸며지면 천국 속에 자신이 존재하는 것이다. 현재 조경인들은 어떻게 이러한 공간을 구현할 수 있을까? 좁게는 자신의 집 거실에서 생각해 보면 주로 보는 공간, TV가 놓여 있는 곳을 주작이 노니는 곳으로 만들어야 한다.

좌측은 청룡의 형상으로, 우측은 백호의 형상으로 만들고 뒤는 현무의 형상으로 꾸미면 자신의 앉은 자리가 혈이 된다. 다시 말해서 뒤는 벽이 받쳐주니 불안하지 않고 앞에는 TV에서 즐거운 화면이 돌아가고, 좌는 열어놓은 창문으로 시원한 바람이 불어주고 우측은 다른 집에서 나를 보지 못할 정도로 가려져 있는 곳에서 자기가 놀고 있다면 제왕의 자리에서 노니는 형상이 된다.

아파트도 그 단지의 주된 경관을 주작으로 하고 청룡과 백호를 배치하고 현무를 뒤쪽에 놓는다면 그 아파트에 사는 주민들은 제왕(帝王)의 복을 받을 것이다. 사람이 가장 많이 모이고 주민 누구나 생각하는 곳(혈)에서 보면 이렇게 보이도록 설계하면 복 받은 단지가 된다.

이는 한 마을이나 도시에도 적용할 수 있을 것이다. 도시에서 동쪽은 시원스럽게 바람길을 열어 동풍이 잘 들어오게 하고 아침에 해가 뜨는 것을 어디에서도 잘 볼 수 있게 하고, 주된 경관(남쪽)에는 아름다운 시설이나, 풍광이 펼쳐지게 하며 햇살이 잘 비쳐 삶을 보송보송하게 만들어 주며, 해질녘에 서쪽의 하늘을 보면 지는 해가 듬직한 서산을 넘어가면 하루의 일과가 끝났는지를 알며, 북쪽 하늘을 볼 때마다 병풍을 두르는 듯 묵직한 산이 받쳐주고 그 위로 별이 빛난다면 얼마나 안정감이 있어 보이겠는가?

이것이 우리 선조들이 무덤에 그렸던 사신도의 경관 구현이며 또한 풍수 책에서도 언급한 '오성귀원격'의 길지(吉地)를 구현하는 것이 아니겠는가?

도시와 공간을 계획하는 서구의 여러 기법을 우리는 잘 알고 있다. 하지만 우리의 전통적인 기법에 관하여 연구는 아직 미흡하다. 여러 곳에 남아있는 기록들과 현상들을 가다듬어 우리의 전통과 서구의 기법을 잘 혼합하여 더 나은 공간연출의 방법론이 한국에서 나오길 기대한다.

10. 명당과 대통령의 근무지

2017. 5. 22.

문재인 대통령이 당선되고 청와대가 대통령 집무실로 적당하지 않다는 이야기가 많이 흘러나온다. 직원들이 근무하는 건물과 너무 떨어져 있어 결재를 받기가 힘들다, 그래서 소통이 잘 되지 않는다, 본관이 좁아서 직원들의 업무장소로 부적당하다는 등의 여러 가지 이견이 끊이질 않는다.

청와대를 가보면 '천하제일길지(天下第一吉地)'라는 글이 자연석에 새겨져 있지만 가장 흉한 터라는 소리까지 나오지 않는가? 전직 대통령 중에 좋게 퇴임한 사람이 드물다. 쫓겨나거나, 죽거나, 구속되거나, 친인척이 감방 가지 않는 사람이 없으니, 일제 36년간 총독을 지낸 사람들의 결말이나, 해방 후 60여 년의 그 땅을 거쳐 간 대통령을 볼 때, 땅의 기운이 있다면 청와대의 터는 진실로 좋은 터와는 거리가 멀다고 하지 않을 수 없다.

문 대통령은 집무실을 광화문 정부중앙청사로 옮긴다, 경복궁 일부를 사용한다, 세종시로 옮긴다든지 하는 이야기가 심심찮게 나온다.

다른 곳으로 옮긴다 해도 대통령이 근무할 장소의 공사를 마무리 하려면 상당한 기간이 소요될 뿐 아니라 경비도 추가로 들어가며 경호도 어려움이 따른다고 한다. 그 외에도 의전 등 여러 문제점은 여전히 남아 있는 모양이다.

예전의 서울은 한강 이북이 서울이었다. 북한산에서 내려온 줄기가 북악에서 기(氣)를 응집하여 그 밑 경복궁의 근정전에서 혈(穴)을 맺고 앞의 세종로, 광교 일대에 명당(明堂)을 형성하여 사람들이 살 곳이 펼쳐지고 내당수로 청계천이 흐르고, 안산(案山)으로 남산이 다소곳이 읍(揖)을 하고 있으며 좌청룡으로는 낙산이 우백호로는 인왕산이 버티고 있으며 외당수로 한강이 흐르고 저 멀리 조산(眺山)으로는 관악산이 보이는 길지가 서울이었다. 그러니 자연히 경복궁 근정전이 최고 통치권자가 근무하는 가장 좋은 장소였다.

강남이 개발되어 한강이 서울의 중심을 흐르고 있는 지금은 서울의 중심부는 어디일까? 풍수상으로 가장 길지는 어디일까? 한반도를 호령하고(?) 국민을 어루만질 수 있는 사람이 있을 자리가 어디일까?

조선 시대까지만 해도 우리나라 인구는 1,000만을 넘지 않았고 큰 고을이라고 해봐야 인구도 얼마 되지 않아 우리나라의 풍수는 좁은 터에 땅을 잡는 기술이 중요시되어 배산임수로 대표되는 주위 산의 배치와 자연적인 물길, 그 형상이 주는 상징성(형국론(形局論))이 중시되었다.

하지만 인구가 5,000만에 1,000만이 되는 거대도시가 탄생한 지금은 평지풍수의 개념을 도입하여 국토의 균형적인 개발에 활용하는 것이 중요하다. 즉, 각 지점의 유기적인 연결과 지점의 독립성 등을 고려한 풍수가 현대에는 필요하다. 여기서 전통풍수와 평지풍수(平地風水)를 종합해보면 용산이 서울의 중요 혈이라 생각된다.

용산은 고려 시대에 원나라가 일본을 침공하기 위하여 말을 조련하는 군사요충지였고, 일본강점기에는 일본군이 주둔하였으며, 해방 이후는 미군이 주둔해온 터가 센 지역이다. 터가 세다는 이야기는 힘이 넘치는 세력이 들어가서 살아야 하는 곳이다. 그곳에 터를 잡아야 세력이 진동하고 번성한다. 일국의 세를 호령할 만한 터가 용산이다. 이 땅은 오랫동안 외세가 지배하다가 바야흐로 21세기에 우리나라로 넘어오는 것이다.

이 기회에 적극적으로 대통령 근무지를 옮기는 것이 어떤지 생각해 본다. 곧 미군이 이전하여 공원으로 조성할 계획이라고 하니 그 땅을 조금 할애하여 청와대를 옮기는 것은 어떨까? 이왕에 청와대의 지정학적 문제점이 나오고 용산에서 미군이 떠나가는 지금이 적기가 아니겠는가?

지도를 보면 용산은 서울의 한 중심에 해당하고, 새로이 무언가(공원 등)를 조성해야 하는 시점에 새로운 대한민국의 수도에 걸맞은 대통령 집무실이 지어진다면 주위에 펼쳐지는 공원과 어울려 항시 라도 국민의 이야기를 들어 국정을 잘 운영할 수 있는 곳이 되지 않을까 한다.

혹자는 이 땅을 전부 공원으로 조성하여 시민에게 돌려주어야지 대통령 집무실이 들어오면 그 지역이 제한을 받는 곳이 되므로 안된다든지, 대단위 공사를 해야 하니 공사비 지출로 인하여 국고를 낭비할 필요가 있느냐는 문제점을 제기할 수도 있다.

하지만 지금 청와대 집무실의 비능률적인 건물 배치를 개선한 건물이 들어서 향후 업무 능률을 개선하는 효과를 고려하면 예산문제는 충분히 양해를 구할 수 있는 문제이다. 공원면적이 줄어드는 것은 지금의 청와대 터를 개방하면 공원면적은 충분히 상쇄되지 않을까 한다.

우리가 전통적으로 중요시한 '풍수'란 무엇인가? 땅을 어떻게 활용하여 인간에게 유익할 것인가의 기법이다. 인간의 노력을 적게 들이고 가장 그 땅의 용도에 맞게 사용하는 논리가 풍수다. 그렇다고 무조건 땅에 기교를 들이지 않는 것이 좋다는 생각은 잘못된 생각이다.

사람이 많이 살고 활용도가 높은 곳은 수십 층의 건물이 들어서야 합당하고, 고밀도로 이용하는 공원은 당연히 인공의 노력이 집약되는 시설을 만들어 배치해야 하며 자연 지형을 손대지 않을 곳은 최대한 그대로 두는 것이 풍수의 기본 취지이다.

현대적 풍수의 관점에서 보더라도 현재 청와대의 위치는 한 나라의 정사를 논하는 위치로는 좋지 않다. 국민의 삶과는 너무 동떨어진 곳, 산 밑에 접근이 어려운 곳이다. 조선의 정치를 논하던 혈지(穴地)가 경복궁 근정전인데 어찌 한참 뒤인 산기슭이 정치를 논하기에 좋은 길지(吉地)가 될 수 있겠는가?

은밀한 사람들이 모여서 작당을 하거나 휴양을 하는 자리면 모를까 이미 시민사회가 되어버린 지금, 대통령이라는 자리는 대중과 섞여야 하고 자주 접해야 한다.

나라를 좌지우지하는 세력이 구중궁궐에 박혀 지내는 시절은 아닐진대 대통령의 근무지가 이런 후미진 곳에 있어야 한다고 집착해서는 안 된다. 모든 일은 때가 있는 법이다. 필요한 시기에 하지 않으면 영원히 하기 어렵다. 문제가 더 많아지고 나서 고치려면 더욱 힘들다.

대통령의 탄핵으로 새 대통령이 나오고 용산의 용도가 확정되기 전에 이 문제를 해결한다면 더욱 발전된 미래가 보장되지 않을까? 새로운 청와대(?) 근무자들이 점심시간에 공원에 나와 사람들과 섞이고, 때때로 집권자가 용산공원에서 시민들과 어울릴 수 있는 미래를 상상하며….

세종로에서 본 북악산

조 경
이야기

1판 1쇄 인쇄 | 2022년 12월 22일
1판 1쇄 발행 | 2022년 12월 30일

지은이 | 신경준
펴낸이 | 김경배
펴낸곳 | 시간여행
디자인 | 디자인[연:우]
등 록 | 제313-210-125호 (2010년 4월 28일)
주 소 | 경기도 고양시 덕양구 지도로 84, 5층 506호(토당동, 영빌딩)
전 화 | 070-4350-2269
이메일 | jisubala@hanmail.net

종 이 | 화인페이퍼
인 쇄 | 한영문화사

ISBN 979-11-90301-21-3 (03520)

봄의 나른함, 여름의 무더움, 가을의 쓸쓸함, 겨울의 찬바람, 봄의 연둣빛 신록, 여름의 시원한 나뭇잎, 가을의 불타는 단풍, 겨울의 설경. 이 모든 하나하나가 무엇과도 바꿀 수 없는 자연의 조화이자 조경의 소재다. 시공자는 이것을 최대한 이용하여 공간을 창작한다.

시간의 흐름을 이용하는 창작, 어떤 직업의 사람도 할 수 없는 작업을 하는 사람의 기쁨은 아무나 누릴 수 있는 축복이 아니다. 계절의 변화에 따른 온도의 변화는 우리의 창작을 더욱 변화무쌍하게 하는 요인이다. 가지가 앙상한 나무에서 새잎이 나고, 무성하게 자라고, 꽃이 피고, 열매가 열리고, 온도가 떨어지면 낙엽이 진다. 이런 변화를 소재로 삼고 창작 작업을 할 수 있는 직업이 얼마나 될까?

03520
9 791190 301213
값 15,000원
ISBN 979-11-90301-21-3